高职高专产教融合艺术设计系列教材

U0203244

景观设计

李梦玲 / 编 著

清华大学出版社

北 京

内 容 简 介

本书以现代城市景观建设和行业需求为背景,系统而全面地阐述了景观设计的相关内容,具体包括景观设计概述、景观设计的渊源与发展、景观空间设计基础、景观设计的要素、景观设计的类型、景观设计制图与表达等内容。

本书的编写以工学结合为基点,以工作过程为导向,以项目化教学为载体,遵循"双元"合作开发的思路,并充分考虑高职教育的特点。全书文字通俗易懂,并附有 200 余张图片作为参考。

本书既可作为景观设计、环境艺术设计、风景园林设计等专业的教材,也可作为相关从业者的工具书。

图书在版编目(CIP)数据

景观设计/李梦玲编著.—北京:清华大学出版社,2021.2(2024.1 重印)
高职高专产教融合艺术设计系列教材
ISBN 978-7-302-56345-7

Ⅰ.①景… Ⅱ.①李… Ⅲ.①景观设计-高等职业教育-教材 Ⅳ.①TU986.2

中国版本图书馆 CIP 数据核字(2020)第 167334 号

责任编辑:张龙卿
封面设计:别志刚
责任校对:袁 芳
责任印制:丛怀宇

出版发行:清华大学出版社
   网 址:https://www.tup.com.cn,https://www.wqxuetang.com
   地 址:北京清华大学学研大厦 A 座   邮 编:100084
   社 总 机:010-83470000   邮 购:010-62786544
   投稿与读者服务:010-62776969,c-service@tup.tsinghua.edu.cn
   质量反馈:010-62772015,zhiliang@tup.tsinghua.edu.cn
印 装 者:三河市龙大印装有限公司
经 销:全国新华书店
开 本:210mm×285mm   印 张:8   字 数:229 千字
版 次:2021 年 2 月第 1 版   印 次:2024 年 1 月第 3 次印刷
定 价:69.00 元

产品编号:084916-01

前　言

随着我国城市化建设的快速发展，城市居民对居住环境的要求越来越高，景观环境的重要性已经被大家认同，景观建设已成为城镇建设的重要组成部分。当前包括武汉在内的很多大中城市都在争创"山水园林城市"，这也为我国景观设计行业的发展提供了广阔的发展空间。

与我国高职院校其他设计专业相比，景观设计专业开设较晚，因此在专业建设、教学标准、人才培养和行业规范上还有一定差距，这也成为我们教育工作者面临和亟待解决的问题。借这次出版机会，本人把自己多年来从事景观设计理论教学和工程实践的心得和成果整理成书。本书的编写遵循职业教育工学结合、"双元"合作开发的思路，以社会职业中典型岗位的工作过程为依据，由简单到复杂、由单一到综合，循序渐进地组织教材内容，同时以典型工作任务为载体，引入企业真实的工程项目进行案例教学。本书的特色与创新点主要体现在以下几点。

（1）遵循以工作过程为导向的开发思路。学生学完本书，在掌握每个情境技能的同时，对职业生涯中的整个工作过程了然于心，通过学习工作过程性知识可以建构学生的专业能力、社会能力和可持续发展能力。

（2）以职业生涯中的工作内容为依据设计教材内容，以完成学习领域工作任务的前后关系来排序学习章节，这些学习章节以循序渐进、承前启后的关系来指导学生掌握职业岗位的工作要求。

（3）以培养学生创新能力为依据设计教学内容，及时反映当下行业的新资讯、新理念、新材料、新技术。特别是项目载体的选择具有典型性、教学性和可操作性。

由于本人学识有限，加上教学任务繁重，论述上难免有不妥之处，故衷心期望前辈、同行和广大读者不吝赐教。

编著者

2020年10月

目　　录

景观设计

第一章 景观设计概述

第一节 景观设计的概念

景观（landscape）一词原指"风景""景致"，最早出现于公元前的《旧约圣经》中，用以描写所罗门皇城耶路撒冷壮丽的景色。17世纪，随着欧洲自然风景绘画的繁荣，景观成为专门的绘画术语，专指陆地风景画。现在景观的概念更加宽泛，地理学家把景观作为一个科学名词，定义为一种地表景象；生态学家把景观定义为生态系统或生态系统的系统；旅游学家把景观当作资源；艺术家把景观作为表现与再现的对象；建筑师把景观作为建筑物的配景或背景；美化运动者和开发商则把景观看作城市的街景立面、园林中的绿化、小品和喷泉叠水等。而一个更广泛而全面的定义是，景观是人类环境中一切视觉事物的总称，它可以是自然的，也可以是人为的（图1-1和图1-2）。

英国规划师戈登·卡伦在《城市景观》一书中认为："景观是一门'相互关系的艺术'。"也就是说，视觉事物之间构成的空间关系是一种景观艺术，比如一座建筑是建筑，两座建筑则是景观，它们之间的"相互关系"则是一种和谐、秩序与美。

图1-1 自然景观

🎬 图 1-2　美国城市景观

景观作为人类视觉审美对象的定义，一直延续到现在，但定义背后的内涵和人们的审美态度则有了一些变化，从最早的"城市景色、风景"，到"对理想居住环境的图绘"，再到"注重内在人的生活体验"。现在，景观被作为生态系统来研究，主要研究人与人、人与自然之间的关系。因此，景观既是自然的景观，也是文化景观和生态景观。

从设计的角度来谈景观，则带有更多的人为因素，这有别于自然生成的景观。景观设计是对特定环境进行的有意识的改造行为，从而创造具有一定社会文化内涵和审美价值的景物。

景观设计属于环境艺术设计的范畴，是以塑造建筑外部空间的视觉形象为主要内容的艺术设计，它的设计对象涉及自然生态环境、人工建筑环境、人文社会环境等各个领域，是依据自然、生态、社会与行为等科学的原则从事规划与设计，按照一定的公众参与程序来创作，融合于特定公共环境的艺术作品，并以此来提升、陶冶和丰富公众审美经验的艺术。景观设计是一个充分控制人的生活环境品质的设计过程，也是一种改善人们使用与体验户外空间的艺术。

景观设计范围广泛，通俗地讲，只要属于美化外部空间环境的目的，都属于它设计的范畴。它的设计范围包括新城镇的景观总体规划、滨水景观带（图1-3）、公园、广场、居住区、校园、街道以及街头绿地等，几乎涵盖了所有的室外环境空间。

景观设计是一门综合性和边缘性很强的学科，其内容不但涉及艺术、建筑、园林和城市规划学科，而且与地理学、生态学、美学、环境心理学、文化学等多种学科相关。它吸收了这些学科的研究方法和成果：它的设计概念以城市规划专业总揽全局的思维方法为主导；它的设计系统以艺术与建筑专业的构成要素为主体；它的环境系统以园林专业所涵盖的内容为基础。景观设计是一个集艺术、科学、工程技术于一体的应用学科，因此，它需要设计者具备与此相关诸学科的广博知识。

景观设计的形成和发展是时代赋予的使命。城市的形成是人类改变自然景观、重新利用土地的结果，但在这一过程中，人类不尊重自然，肆意破坏地表、气流、水文、森林和植被。特别是工业革命以后，建成大量的道路、住宅、工厂和商业中心，使得许多城市成为柏油、砖瓦、玻璃和钢筋水泥组成的大漠，努力建立起来的城市已经与自然景观相去甚远。但人类也受到了教训，因远离大自然产生了心理压迫和精神桎梏，人满为患、城市热岛效应、空气污染、光污染、噪声污染、水环境污染等，迫使人们不断地降低生存品质。

🌐 **图1-3** 阿联酋迪拜"棕榈岛"的滨水景观

痛定思痛,人类在深刻反省中重新审视自身与自然的关系,提出21世纪面临的重大主题是"人居环境的可持续发展"。人类深切认识到景观设计的目的不仅仅是美化环境,更重要的是从根本上改善人的居住环境、维护生态平衡和保持可持续发展。

现代景观设计不再是早期达官显贵们造园置石的概念了,它要担负起维护和重构人类生存景观的使命,为所有居住于城、镇、村的居民设计合宜的生存空间,构筑理想的居所。"现代景观设计之父"奥姆斯特德在哈佛大学的讲坛上说:"景观技术是一种'美术',其重要的功能是为人类的生活环境创造'美观',同时,还必须给城市居民以舒适、便利和健康。在终日忙碌的城市居民的生活中,缺乏自然提供的美丽景观和心情舒畅的声音,弥补这一缺陷是'景观技术'的使命。"

在我国,景观设计是一门年轻的学科,但有着巨大的发展前景。随着全国各地城镇建设的加快、人们环境意识的加强和对生活品质要求的提高,这一学科也越来越受到重视,对社会进步所产生的影响也越来越广泛。

第二节 景观设计的特征

一、多元性

景观设计是一门边缘性学科,其构成元素和涉及问题的综合性使它具有多元性的特点,这种多元性体现在与设计相关的自然因素、社会因素的复杂性以及设计目的、设计方法、实施技术等方面的多样性上。

与景观设计有关的自然因素包括地形、水体、动植物、气候、光照等自然资源,分析并了解它们彼此之间的关系,对后面设计的实施非常关键。不同的地形会影响景观的整体格局,不同的气候条件则会影响景观内栽植的植物种类。

社会因素也是造成景观设计多元性的重要因素,景观设计是一门艺术,但与纯艺术不同的是,它面临着更为复杂的社会问题和使用问题的挑战。现代景观设计的服务对象是大众。现代信息社会的多元化交流以及社会科学的发展,人们对景观的使用目的、空间的开放程度和文化内涵的需求有着很大的不同,这都会大大影响到景观的设计形式。为了满足不同年龄、不同受教育程度和不同职业的人们对景观环境的感受需求,景观设计必然会呈现多元性特点。

现代科技的发展使景观艺术设计的方法、实施的技术、表现的材料越来越丰富,这不但增加了景观艺术设计的科技含量,也丰富了景观艺术的外在形式,如地理信息系统(GIS)技术、虚拟现实(VR)技术、遥感技术等现代科技的运用。

二、生态性

景观设计的生态性是它的第二个特征。无论在怎样的环境中建造,景观都与自然发生密切的联系,这就必然涉及景观与人类与自然的关系问题,在环境问题日益突出的今天,生态性已引起景观设计师的重视。美国宾夕法尼亚大学景观建筑教授麦克哈格提出了将景观作为一个包括地质、地形、水文、土地利用、植物、野生动物和气候等决定性要素相互取得联系的整体来看待的观点。

🌐 **图 1-4** 收集屋顶雨水,流入雨水花园,从而达到利用雨水的目的

把生态理念引入景观设计中,就意味着:首先,设计要尊重物种多样性,减少对资源的剥夺,保持营养和水循环,维持植物环境和动物栖息地的质量;其次,尽可能使用再生原料制成的材料,尽可能将场地上的材料循环使用,最大限度地发挥材料的潜力,减少生产、加工、运输材料而消耗的能源,减少施工中的废弃物;最后,要尊重地域文化,并且保留当地的文化特点。例如,生态原则的重要体现之一就是高效率地用水,减少水资源消耗,因此,一些景观设计项目能够通过雨水利用,解决大部分的景观用水,有的甚至能够完全自给自足,从而实现对城市洁净水资源的零消耗(图1-4)。

景观设计中对生态的追求已经与对功能和形式的追求同样重要,有时甚至超越了后两者,占据了首要位置。从某种意义上来讲,景观设计是人类生态系统的设计,一种基于自然系统自我有机更新能力的再生设计。

三、时代性

景观设计富有鲜明的时代特征,主要体现在以下几个方面。

(一)设计的内涵更广阔

从注重视觉美感的中西方古典园林景观到当今生态学思想的引入,景观设计的思想和方法发生了很大变化,也大大影响甚至改变了景观的形象。现代景观设计不再仅仅停留于堆山置石、筑池理水上,而是上升到提高人们生存环境质量,促进人居环境的可持续发展的层面上。

(二)设计的领域更宽泛

古代园林景观的设计多停留在花园设计的狭小天地;今天的景观设计介入更为广泛的环境设计领域,它的范围包括新城镇的景观总体规划、滨水景观带、公园、广场、居住区、校园、街道及街头绿地,甚至花坛的设计等,几乎涵盖了所有的室外环境空间。

(三)设计的服务对象的不同

古代园林景观是让皇亲国戚、官宦富绅等少数统治阶层享用;今天的景观设计则是面向大众、面向普通百姓,充分体现出一种人性化关怀。

（四）材料和施工技术更先进

随着现代科技的发展与进步,越来越多的先进施工技术被引用到景观中,施工材料方面也突破了沙、石、水、木等天然、传统材料的限制,开始大量使用塑料制品、光导纤维、合成金属等新型材料来制作景观作品。例如,塑料制品现在已经普遍地应用于公共雕塑、景观设施等方面,而各种聚合物则使轻质的、大跨度的室外遮蔽设计更易于实现（图1-5）。施工材料和施工工艺的进步,大大增加了景观的艺术表现力,使现代景观更富生机与活力。

🌐 **图1-5 拉膜建筑已广泛运用于室外环境**

景观设计是一个时代的写照,是当时社会、经济、文化的综合反映,这使得景观艺术设计带有明显的时代烙印。

第二章　景观设计的渊源与发展

第一节　中国景观设计的产生与发展

追溯中国景观设计的渊源，可以发现它的历史非常悠久。今天的景观设计的概念，其实际含义类同于我国古代园林设计。我国的园林艺术历史悠久，大约从公元前 11 世纪的奴隶社会末期到 19 世纪末叶封建社会的解体为止，在 3000 余年漫长的、不间断的发展过程中形成了世界上独树一帜的风景式园林体系，这个园林体系由中国的农耕经济、集权政治、封建文化培育成长，在漫长的历史进程中，呈现出自我完善且持续不断地演进的过程。

一、中国古典园林的发展历程

我国的古典园林发展大致经过四个时期。

（一）汉代以前的生成期

这一时期包括商、周、秦、汉，是园林产生和成长的幼年期。

奴隶社会后期的商末周初产生了中国园林的雏形，它是一种苑与台相结合的形式。"苑"是指圈定的一个自然区域，在里面放养众多野兽和鸟类。苑主要作为狩猎、采樵、游憩之用，有明显的人工猎场的性质。"台"是指园林里面的建筑物，是一种人工建造的高台，供观察天文气象和游憩眺望之用。公元前 11 世纪周文王筑灵台、灵沼、灵囿，可以说是最早的皇家园林。

秦始皇灭诸侯统一六国后，在首都咸阳修建上林苑，苑中建有许多宫殿，最主要的一组宫殿建筑群是阿房宫。苑内森林覆盖，树木茂森，成为当时最大的一座皇家园林。

在汉代，皇家园林是造园活动的主流。汉代继承了秦代皇家园林的传统，既保持其基本特点又有所发展。汉代帝苑的观赏内容明显增多，苑已成为居住、娱乐、休息等多种用途的综合性园林。汉武帝时扩建了上林苑，苑内修建大量的宫、观、楼、台供游赏居住，并种植各种奇花异果，畜养各种珍禽异兽供帝王行猎。汉武帝信方士之说，追求长生不老，在最大的宫殿建章宫内开凿太液池，池中堆筑方丈、蓬莱、瀛洲三岛来模拟东海神山，运用了模仿自然山水的造园方法和池中置岛的布局方式（图 2-1）。从此以后"一池三山"成为皇家园林的主要模式，一直沿袭到清代。武帝以后，贵族、官僚、地主、商人广治田产，拥有大量奴婢，过着奢侈的生活，并出现了私家造园活动，这些私家园林规模宏大，楼观壮丽。茂陵富人袁广汉于北邙山下营建园林，《西京杂记》中对其有如下记载："东西四里，南北五里，激流水注其内。构石为山，高十余丈，连延数里……奇禽怪兽，委积其间。积沙为洲屿，激水为波潮……奇树异草，靡不具植。屋皆徘徊连属,重阁修廊,行之,移暑不能遍也。"在西汉就出现了以大自然景观为施法的对象,人工山水和花草、房屋相结合的造园风格,已具备中国风景式园林的特点,但尚处于比较原始、粗放的形态。在一些传世和出土的汉代画像砖、画像石和明器上面,我们能看到汉代园林形象的再现。

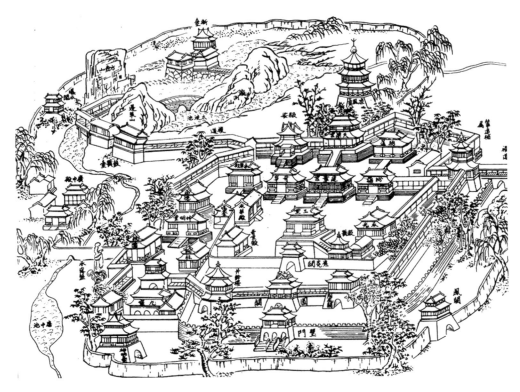

图 2-1　汉建章官图(《关中胜迹图志》)

(二) 魏晋南北朝的转折期

魏晋南北朝是中国古典园林发展史上的转折期,造园活动普及于民间,园林的经营完全转向于以满足人的物质和精神享受为主,并升华到艺术创作的新境界。

魏晋之际,社会动荡不安,士族阶层深感生死无常、贵贱骤变,并受当时佛、道出世思想的影响,大都崇尚玄谈,寄情山水,讴歌自然景物和田园风光的诗文涌现于文坛,山水画也开始萌芽,这些都促使知识分子阶层对大自然的再认识,从审美角度去亲近它。相应的,人们对自然美的鉴赏取代了过去对自然所持的神秘、敬畏的态度,而成为后来中国古典园林美学思想的核心。

当时的官僚士大夫虽身居庙堂,但热衷于游山玩水。他们为了满足既能避免跋涉之苦且保证物质生活享受,又能长期拥有大自然山水风景的愿望,于是纷纷造园。门阀世族、文人、地主、商人竞相效仿,于是私家园林便应运而生。北魏人杨衒之在《洛阳伽蓝记》中记载了北魏首都洛阳建造私家园林的景象:"于是帝族王侯,外戚公主,擅山海之富,居川林之饶,争修园宅,互相夸竞。崇门丰富,洞户连房;飞馆生风,重楼起雾。高台芳树,家家而筑;花林曲池,园园而有。莫不桃李夏绿,竹柏冬青。"可见当时私家造园之盛。

私家园林特别是依大城市邸宅而建的宅园,由于地段条件、经济力量和封建礼法的限制,规模不可能太大,那么在有限的面积里要全面体现大自然山水景观,就必须求助于"小中见大"的规划设计。人工山水园的筑山理水不能再像汉代私园那样采用大规模的单纯写实模拟的手法,而应对大自然山水景观加以适当的提炼概括,因此开启了造园艺术的写意创作方法的萌芽。例如,在私家营园中,叠石为山的手法较为普遍,并开始出现单块美石的欣赏;园林理水的技巧比较成熟,水体丰富多样,并在园内占有重要位置;

园林植物种类繁多，并能够与山水配合成为分割园林空间的手段；园林建筑力求与自然环境相协调，一些"借景""框景"等艺术处理手法频繁使用。总之，园林的规划设计向着精致细密的方向上发展了，造园成为一门真正的艺术。

皇家园林受当时民间造园思潮的影响，由典型的再现自然山水的风雅意境取代了单纯的模仿自然界，因而苑囿风格有了明显改变。汉代以前盛行的畋猎苑囿，开始被大量开池筑山，以表现自然美为目标的园林所代替。

🎲 图2-2　绍兴近郊风景游览地——兰亭

这一时期，由于佛教盛行，一种新的园林类型——寺庙园林出现了，一开始便向着世俗化的方向发展。文人名流经常聚会的一些近郊风景游览地也开始见于文献记载，如新亭、兰亭等。兰亭在今浙江绍兴西南13.5千米的兰渚，建于晋代永和九年（公元353年），王羲之邀友在此聚会，写了《兰亭集序》，而使其声名大噪（图2-2～图2-4）。兰亭曲水流觞的艺术手法被保留下来，作为一种吉祥象征，被后世广为运用（图2-5）。

🎲 图2-3　兰亭曲水流觞

🎲 图2-4　"曲水流觞"画

🎲 图2-5　乾隆花园禊赏亭内设"流杯渠"，仿王羲之的兰亭曲水流觞，颇有雅趣

（三）唐宋的全盛期

随着封建经济、政治和文化的进一步发展，唐宋时期的园林在魏晋南北朝所奠定的风景式园林艺术的基础上趋向于全盛局面。

唐代的私家园林较之魏晋南北朝更为兴盛，普及面更广。当时首都长安城内的宅园几乎遍布各里坊，城南、城东近郊和远郊的"别业""山庄"也不在少数，皇室贵戚的私园大都竞尚豪华，园林中少不了亭台楼阁、山池花木、盆景假山，"刻凤蟠螭凌桂邸，穿池凿石写蓬壶"（韦元旦的《幸长乐公主山庄》）。这一时期，文人参与造园活动，促成了文人园林的兴起。这些文人造园家把儒、道、佛禅的哲理融会于他们的造园思想中，使其园林创作格调清沁淡雅，意境幽蕴丰富，这些都促使写意的创作手法又进一步深化，为宋代文人园林兴盛打下基础。唐代的皇家园林规模宏大，反映在园林的总体布局和局部的设计处理上。园林的建设趋于规范化，大体上形成了大内御苑、行宫御苑和离宫御苑的类别，体现了一种"皇家气派"。

宋代，由于相对稳定的政治局面和农业手工业的发展，园林也在原有基础上渗入地方城市和社会各阶层的生活中，上至帝王，下至庶民，无不大兴土木，广营园林。皇家园林、私家园林、寺庙园林、城市公共园林大量修建，其数量之多，分布之广，是宋代以前所未见的。在这其中，私家造园活动最为突出，文人园林大为兴盛，文人雅士把自己的世界观和欣赏趣味在园林中集中表现，创造出一种简朗、雅致的造园风格，这种风格几乎涵盖了私家造园活动，同时还影响到皇家园林和寺庙园林。宋代修建的苏州沧浪亭（文人园）为现存最为悠久的一处苏州园林（图 2-6～图 2-8）。

🌐 **图 2-6** "崇阜广水"的自然景观

宋代的城市公共园林发展迅速，例如西湖经南宋的继续开发，已成为当时的风景名胜游览地。建置在环湖一带的众多小园林中，既有私家园林又有皇家园林和寺庙园林，诸园各抱地势，借景湖山，人工与天然凝为一体（图 2-9 和图 2-10）。

🌐 **图 2-7** 从廊内侧望沧浪亭

🌐 **图 2-8** 西部水池柱廊

🌐 **图 2-9** 西湖自然景色

🏵 图 2-10　环湖一带私家园林——汾阳别墅主景

　　唐代园林创作的写实与写意相结合的手法,到南宋时大体已完成其向写意的转化,这是由于受禅宗哲理以及文人画写意画风的直接影响,从而使园林呈现为"画化"的特征;景题、匾额的运用,又赋予园林以"诗化"的特征。它们不仅具象地体现了园林的诗画情趣,同时也深化了园林的意境涵蕴,而这正是中国古典园林所追求的境界。唐宋时期的园林艺术深深影响了一衣带水的邻国日本当时的造园风格,日本的园林是模仿中国造园 (图 2-11)。后来日本园林受佛教思想,特别是受禅宗的影响较深,园林的设计禅味甚浓,多娴静雅致 (图 2-12)。

🏵 图 2-11　日本金阁寺

🏵 图 2-12　日本大仙院枯山水

(四) 明清的成熟期

　　明清园林继承唐宋的传统并经过长期安定局面下的持续发展,无论在造园艺术还是技术方面都达到了十分成熟的境地,代表了中国造园艺术的最高成就。

　　明清时期的园林受到诗文绘画的影响更深,不少文人画家同时也是造园家,而造园匠师也多能诗善画,因此造园的手法以写意创作为主导,这种写意风景园林所表达出来的艺术境界也最能体现当时文人所追求的"诗情画意"。这个时期的造园技艺成熟,造园经验不断积累,由文人或文人家庭出身的造园家总结为理论著作刊行于世,这是前所未有的,如文人计成的《园冶》。

　　明清私家园林以江南地区宅园的水平为最高,数量也多,主要集中在南京、苏州、扬州、杭州一带。江南是明清时期经济最发达的地区,经济发达促成地区文化水平的不断提高,文人辈出,文风之盛居于全国之首。江南一带风景绮丽,河道纵横,湖泊罗布,盛产造园用的优质石料,民间的建筑技艺精湛,加之土地肥沃,气候温和湿润,树木花卉易于生长,这些都为园林的发展提供了极有利的物质条件和得天独厚的自然环境。江南私家园林保存至今有为数甚多的优秀作品,如拙政园、寄畅园、留园、网师园等 (图 2-13 ～ 图 2-16),这些优秀的园林作品如同人类艺术长河中熠熠生辉的珍珠。江南私家园林以其深厚的文化积淀、高雅的艺术格调和精湛的造园技巧在民间私家园林中占有首席地位,成为中国古典园林发展史上的一个高峰,代表着中国风景式园林艺术的最高水平。

🌐 图 2-13　苏州拙政园

🌐 图 2-14　无锡寄畅园

🌐 图 2-15　苏州留园　　　　　　　　　　🌐 图 2-16　苏州网师园

清代皇家园林的建设规模和艺术造诣都达到了历史上的高峰境地。乾隆皇帝六下江南，对当地私家园林的造园技艺倾慕不已，遂命画师临摹绘制，作为皇家建园的参考，这在客观上使得皇家园林的造园技艺深受江南私家园林的影响。但皇家园林规模宏大，皇家气派浓郁，是绝对君权的集权政治的体现，它造园艺术的精华几乎都集中于大型园林，尤其是大型的离宫御苑，如堪称三大杰作的颐和园的清漪园和谐趣园、承德避暑山庄（图 2-17 ~ 图 2-19）。

图 2-17　规模宏大的北京皇家园林——颐和园

图 2-18　颐和园内谐趣园水景

图 2-19　承德避暑山庄

明清时期的寺庙园林继承了宋代以来的世俗化、文人化的传统，一般与私家园林区别不大，只是更朴实一些，如著名的大觉寺、普宁寺、法源寺等。

随着封建社会的由盛而衰，园林艺术也从高峰跌落为低谷。清乾隆、嘉庆时期的园林作为中国古典园林的最后一个繁荣时期，既承袭了过去全部的辉煌成就，也预示着末世的衰落迹象的到来。到咸丰、同治以后外辱频繁，国事衰弱，再没有出现过大规模的造园活动，园林艺术也随着我国沦为半封建半殖民地社会而逐渐进入一个没落和混乱的时期。

二、中日古典园林比较

中国和日本的古典园林都属于东方园林体系，东方园林以含蓄、内秀、恬静、淡泊为美，追求一种天人合一的境界，与自然保持着和谐的、相互依存的融洽关系。但由于中日两个国家地理环境的截然不同，以及两个民族文化的差异性，从而在园林艺术上呈现出不同的特色。

日本园林早期深受中国园林艺术的影响，后来逐渐形成自己独树一帜的园林特色，枯山水是日本园林中最具特色的艺术形式（图2-20和图2-21）。在日本庭园中，模仿、象征自然风景而又不使用水的庭园被称作"枯山水"。

🔆 **图2-20** 日本龙安寺石庭

🔆 **图2-21** 日本南禅院庭园置石

中日园林造园手法的差异性主要体现在以下几点。

（1）建筑：中国园林规模相对较大，园内建筑多且体量大；日本园林尺度较小，园内建筑少且体量小。

（2）水体：中国园林用的都是真水，水体构筑形态主要模仿大自然；而日本园林中可以用白砂象征水（枯山水），即使用真水，也主要是某种理念的形象化体现或象征。

（3）山石：假山是中国园林画龙点睛之笔，它们可看、可游、可居；日本园林一般不用假山，只用覆盖着草皮的土山，枯山水中的枯石体量很小，象征着山峦。

（4）植物：中国园林的绿化少且多用高大浓荫的乔木、灌木；日本园林大量绿化并使用低矮植物和草地。

中国园林受儒家思想影响，是入世的；日本园林受佛家思想影响较深，是出世的。不同的思想文化背景，使中日园林呈现出不同的艺术特色。唐宋以后的中国园林日趋世俗化，园内充满居住、待客、宴乐、读书等世俗生活内容；而日本园林多成于禅僧茶人之手，追求的是参悟禅理，故园内禅味甚浓。

第二节　欧洲景观设计的历史与发展

欧洲的景观设计与中国的园林景观一样，有着悠久的历史和传统，是世界景观设计中的瑰宝。不同的是，欧洲的景观设计不像中国的园林景观一脉相承，它是欧洲各国景观设计交融发展的结果。

一、欧洲古典景观的发展历程

在欧洲三千年的景观发展史中，大致经历了以下六个代表时期。

（一）古希腊时期

古希腊是欧洲文明的发源地，也被认为是欧洲景观的原动力。

古希腊虽由众多的城邦组成，却创作了统一的古希腊文化。古希腊人信奉多神教，为了祭祀活动的需要建造了很多庙宇，雅典卫城是当时最壮丽的景观（图2-22和图2-23）。古希腊民主思想盛行，促使很多公共空间的产生，圣林就是其中之一，所谓圣林就是古希腊人在神庙外围种植的树木，他们把树木视为礼拜的对象。圣林既是祭祀的场所，又是祭奠活动时人们休息、散步、聚会的地方，同时大片的林地也创造了良好的环境，衬托着神庙，增加其神圣的气氛。古希腊的竞技场是另一类重要的公共景观，竞技场地刚开始仅为了训练之用,是一些开阔的裸露地面,后来场地旁种了一些树木并逐渐发展成为大片树林,除了林荫道外,还有祭坛、亭、柱廊及座椅等设施,成为后来欧洲体育公园的前身。古希腊的宅园兴建旺盛起来,不仅庭院的数量增多,而且向装饰性和游乐性庭院发展。

🌐 图2-22　雅典卫城全景

🌐 图2-23　雅典卫城女郎柱

古希腊景观的类型多种多样,虽然都处于较简单的初始状态,但仍被看作后世欧洲景观的雏形。受当时数学、几何学的发展以及哲学家美学观点的影响,古希腊人认为美是有规律和秩序的、合乎比例协调的整体,因此只有强调均衡稳定的规则式,才能确保美感的产生。所以当时的景观布局采用规则样式,可以说从古希腊开始就奠定了欧洲规则式景观的基础。

(二)古罗马时期

古罗马人在接受古希腊文化的同时也继承并发展了古希腊的景观艺术。在古罗马景观中最具代表的一种类型是庄园,庄园多建在城外或近郊,是罗马贵族生活的一部分。庄园的选址大多环境优美,群山环绕,树木葱茏;园内花园锦绣,果树茂盛,设计有水池、喷泉、雕塑等景点。庄园的建筑规模宏大,装饰豪华,有的贵族庄园的华丽程度可与东方王侯的宫苑媲美(图2-24)。

古罗马的宅园与古希腊宅园十分相似,它的景观植物大多从古希腊引入。公元前79年,罗马的庞贝城因维苏威火山爆发而被埋在火山灰下,18世纪的发掘,使我们能够看到古罗马宅园的真实面貌。宅园一般有列柱廊式中厅,中厅面积不是很大,但有水池、水渠、喷泉、雕塑等,加上花木草地的点缀,创造出清凉怡人的生活环境(图2-25和图2-26)。

古罗马的景观艺术受古希腊的景观艺术的影响,一切都体现出井然有序的人工美。园内装饰着水池、水渠、

🌐 图2-24　古罗马哈德里安庄园

喷泉等;直线或放射形的园路,两边是整齐的行道树;还有几何形的花坛、花池,修剪整齐的绿篱以及葡萄架、菜圃等。此外,古罗马园林很重视植物造型的运用,创造了一种植物雕塑的手法,即将植物修剪成各种几何形体、文字、图案,甚至一些复杂的动物形象等,在现代景观艺术设计中还经常运用这种手法。古罗马景观艺术在历史上有很高的成就,它融合了古希腊景观艺术和西亚景观风格,涉及的范围更广,对后世欧洲景观的影响也更直接。

🌐 图 2-25　庞贝城中最大的住宅园——洛瑞阿斯·蒂伯廷　　　🌐 图 2-26　庞贝城中最大的住宅园——洛瑞阿斯·蒂伯廷
　　　　　　那斯住宅园中维提列柱围廊式庭院　　　　　　　　　　　　　那斯住宅园中住宅部分与后花园衔接的横渠

（三）中世纪时期

中世纪指欧洲历史上从 5 世纪罗马帝国的瓦解到 14 世纪文艺复兴时代开始前的这一段时间,历时大约 1000 年。这个时期社会动荡不安,人们纷纷到宗教中寻求慰藉,基督教因而势力大增,而政权却分散独立。教会极力宣扬禁欲主义,并且只保存和利用与其宗教信仰相符合的古典文化,而对那些更为人性化和世俗的文化加以打击。因此,中世纪的文明基础主要是基督教文明,同时也有古希腊、古罗马文明的残余。

中世纪的政治、经济、文化、艺术及美学思想对这一时期的景观艺术有非常明显的影响,因此景观艺术不可能有很大的发展。当时只有两种景观类型:以实用性为主的教堂庭院和简朴的城堡庭园。教堂庭院的主要组成部分是教堂、僧侣住房和房屋围绕着的中庭(图 2-27)。城堡庭园是王公贵族田园牧歌式的场所,它的位置已扩大到城堡周围,但还是与城堡保持着直接的联系。

🌐 图 2-27　罗马圣保罗教堂以柱廊环绕的中庭

（四）文艺复兴时期

文艺复兴是 14 至 16 世纪欧洲的新兴资产阶级思想文化运动,开始于意大利佛罗伦萨,后扩大到法、英、德、荷等欧洲国家。文艺复兴使欧洲摆脱了中世纪封建制度和教会神权统治的束缚,生产力和文化上得到了解放。人们重新审视古希腊和古罗马给人们留下的文化遗产,也注意到了自然界所具有的蓬勃生机,迎来了欧洲景观艺术的新时代。

庄园是这一时期最主要的景观类型,以意大利庄园为代表。文艺复兴使意大利人希望重现古罗马辉煌的文明,这也为意大利景观艺术设计赋予了新的活力,艺术上的古典主义,成为景观艺术创作的指南(图 2-28)。意大利庄园多建在郊外的山坡上,依山势辟成若干台层,形成独具特色的台地园 (图 2-29)。庄园布局严谨,有明确的中轴线贯穿全园,并联系各个台层使之成为统一的整体。中轴线上有水池、喷泉、雕像、坡道等,水景造型丰富,动静结合,趣味性强。庄园的植物造型复杂,绿篱的修剪达到了登峰造极的程度。这些绿色雕塑比比皆是,点缀在园地或道路的交叉点上,替代建筑材料起着墙垣、栏杆的作用(图 2-30 和图 2-31)。

图 2-28 意大利朗特花园

图 2-29 台地园中的蟹形水阶梯作为中轴线贯穿全园

图 2-30 几何形花坛造型

图 2-31 修剪的绿垣完全取代了建筑材料

法国景观艺术受意大利的影响,也创造出一些成功的作品。但直到 17 世纪下半叶,勒·诺特式景观的出现,才标志着法国景观艺术的成熟和真正的古典主义景观时代的到来。

(五) 17 世纪法国

　　17 世纪的法国在经济、政治、文化上进入了一个全盛时期,在绝对君权专制的统治下,古典主义文化成为法国文化艺术的主流,古典主义的戏剧、美学、绘画、雕塑、建筑、景观艺术等都取得了辉煌的成就。这一时期对后世景观艺术影响最大的当数法国勒·诺特式造景风格。

　　勒·诺特于1613年出生在巴黎的一个造景世家,早期从事绘画艺术,后来在贵族庄园从事园艺工作,有机会接触到当时的达官显贵,展示他非凡的才华,勒·诺特的成名作是孚·勒·维贡府邸的庭院设计。国王路易十四看到孚·勒·维贡府邸的庭院设计之后,羡慕、嫉妒之余,激起他要建造更宏伟壮观的宫苑的想法,这就诞生了后来的凡尔赛宫苑 (图 2-32 ~ 图 2-35)。闻名于世的凡尔赛宫苑使勒·诺特名垂青史,它规模宏大、风格突出、内容丰富,完美体现了古典主义的景观艺术设计原则。勒·诺特式造景风格风靡欧洲长达一个世纪之久,对欧洲的景观艺术设计产生了深远的影响。

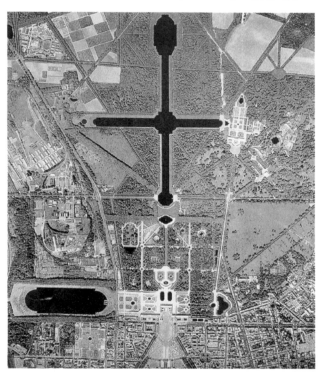

图 2-32　凡尔赛宫苑航拍照片

图 2-33　凡尔赛宫苑的主体建筑北翼前花园

图 2-34　凡尔赛宫苑的主体建筑前望园景纵轴线

🏵 图 2-35　凡尔赛官苑的大运河中心

勒·诺特式景观的主要特征有：庭园的平面布局主次分明、秩序严谨，呈铺展式延伸，普遍使用宽阔的大草地，庭园与自然直接相连，是大自然中经过特别修剪的一部分；庭园的纵横轴线灵活运用，纵轴本身也是水渠、草坪、林荫道；庭园中的建筑位于中轴线上，通常在地形的最高处，与水渠、喷泉、雕塑、花坛一样只是造景的要素之一；水景的设计非常丰富，动静结合，有水渠、水池、喷泉、跌水、瀑布等，特别是运河的运用，成为勒·诺特式景观中不可缺少的组成部分；植物多选用温带植物，树木常修剪成几何形体，形成整齐的外观，布置在府邸近旁的刺绣花坛在庭园中起着举足轻重的作用（图 2-36）。

🏵 图 2-36　刺绣花坛体现了法国古典主义的美学思想

（六）18 世纪英国

18 世纪英国自然风景式庭园的出现，改变了欧洲由规则式景观统治的长达千年的历史，这是欧洲景观史上一场极为深刻的革命。风景式庭园的产生与英国当时的社会文化背景和地理条件有关：18 世纪时，工业革命和早期城市化造成了城市中人口密集、与自然完全隔绝的单一环境，引起了一些社会学家的关注；在文化领域，受美学思潮的影响，兴起了尊重自然的观念，人们发现自然风景比规则的几何形更能打动人，他们将规则式景观看作是对自然的扭曲，这种审美观的改变直接影响到景观的设计的风格；另外，英国的地形多为起伏的丘陵，这为其达到法国景观宏伟大气的效果增加了难度，因此虽受勒·诺特式景观的影响，但程度要明显小于其他国家。

这一时期中国园林被介绍到欧洲（尤其是英国），英国人怀着对中国园林的赞美与憧憬，在景观艺术设计中表现出一种对中国古典园林效仿的倾向（图 2-37），这也在一定程度上促进了英国风景式庭园的形成。

英国风景式庭园尽量利用森林、河流和牧场，将庭园的范围无限扩大，庭园周围的边界也完全取消，仅仅是掘沟为界。庭园的设计模仿自然，园内出现大面积的缓坡草地，不规则的水体和流畅平缓的蛇型园路，按自然式分布单株和丛植的树木，尽量避免人工雕琢的痕迹（图 2-38）。

🌸 图 2-37　钱伯斯设计的丘园中的中国塔　　　　🌸 图 2-38　肯特参与设计的斯托海德自然式风景园林

　　英国风景式庭园的设计风格影响到法国、德国、意大利、俄罗斯等国家，各国竞相效仿并在此基础上又有所发展，此后欧洲的景观艺术设计呈多元化倾向。

二、中欧古典园林比较

　　中国古典园林和欧洲古典园林属于两个完全不同的园林体系，故呈现出风格迥异的园林艺术，中国园林是再现自然山水式园林（图 2-39），欧洲园林则是以法国为代表的几何形规则式园林（图 2-40）。中欧园林的差异性主要体现在以下两方面。

🌸 图 2-39　中国自然山水式园林

（一）思想文化上的差异

　　中国古典园林受道家思想影响，"道法自然"是道家哲学的核心，它强调一种对自然界深刻的敬意，这奠定了中国园林"师法自然"的设计原则。同时受绘画、诗词、文学等其他艺术的影响，加上文人、画家造园的兴盛，使中国园林一开始便带有诗情画意般浓厚的感情色彩。中国园林讲求"外师造化，内发心源"，这使得中国园林创作手法是写意性的。

图 2-40　欧洲几何规则式园林

欧洲古典园林是以 17 世纪法国勒·诺特式造园风格为代表。欧洲古典园林受欧洲美学思想的影响，这种美学思想是建立在"唯理"基础上的，认为美是通过数字比例来表现的，如强调整齐秩序、平衡对称等。加上把人看成是宇宙万物的主体，认为自然是不完美的，需要对它进行改造。欧洲几何形园林风格正是在这种美学思想影响下逐渐形成的。

（二）艺术形态上的差异

正是思想文化上的差异导致了中欧古典园林艺术形态上的差异。中国古典园林本于自然，又高于自然，把人工美和自然美巧妙结合，从而做到"虽由人作，宛自天开"，即强调自然美。欧洲古典园林整齐对称，具有明确的轴线引导，讲求几何图案的组织，即强调人工美。

中国园林是仿自然形态，园内除了一些建筑平面是几何形态以外，所有元素连同总体形式都是自由自在的，如水池的形状、树木的形态等；欧洲园林是几何形态的，园林从总平面到每一个局部平面，连同各种组成要素（雕塑除外），均是几何形的，并遵从对称、重复等组合秩序，如修剪得整整齐齐的绿篱。

第三节　美国现代景观设计

美国是现代景观设计的起源地，有着世界上最完善的教学体系和占世界总数一半的设计师，在这个领域，美国一直走在最前列。

早期的美国景观艺术深受英国自然风景式庭园的影响，其形式和材料完全抄袭英国的模式。美国的风景园几乎都是贵族富商专有的私人花园，只能让少数特权阶层欣赏，并非公众使用。而美国气候温和，民主制度发达，人们户外生活丰富，因此需要有更多的供大众市民娱乐活动的场所，这为现代城市公园的出现提供了契机。

真正对大型城市公共景观的出现起到推波助澜作用的人是唐宁，现代景观发展史上一位举足轻重的人物。唐宁集造园师和建筑师于一身，写了许多有关园林的著作，其中最为著名的是 1841 年出版的《论风景园的理论与实践》。唐宁生活在美国历史上城镇人口增长最快的时期，他认识到了城市开放空间的必要性，并倡议在美国建立公园。1850 年，唐宁负责规划华盛顿公园，这是美国历史上首座大型公园，建成后成为全国各地效仿的典范，唐宁因此获得了"美国公园之父"的称号。

继承并发展了唐宁思想的是另一位杰出人物，被誉为"现代景观设计之父"的奥姆斯特德。奥姆斯特德是一位充满传奇色彩的人物,他15岁时因漆树中毒而视力受损,无法进入耶鲁大学学习,但在此后的20年里,他广泛游历,访问了许多公园和私人庄园,甚至来中国旅行过一年。1854年奥姆斯特德与英国人沃克斯合作,以"绿草地"为主题赢得了纽约中央公园设计方案竞赛大奖,后来出任中央公园的首席设计师,负责公园的建设。奥姆斯特德预见到,由于移民成倍增长,城市人口急剧膨胀,必然会加速城市化的进程,城市绿化日益显示出其重要性,而建造大型公园可以使居民享受到城市中的自然空间,公园的绿地如同城市"绿肺"是改善城市环境的重要手段。因此,中央公园在设计时就确立了要以优美的自然景色为特征的原则,园内保留了不少原有的地貌和植被,树木繁盛。100多年后,园内的许多地方跟原始森林一样。奥姆斯特德同时还提出,公园的设计要强调居民的使用性,要满足社会各阶层人们的娱乐要求,并应在规划上考虑管理的需要和交通方便等,他的设计思想对今天的公园规划仍具有重要的指导意义。中央公园1860年开始建造,在经历了一个半世纪的风风雨雨之后,直到今天仍然作为现代公园规划最杰出的作品,向后人展示着大师独到且超越时代的设计思维(图2-41和图2-42)。

🌐 **图 2-41** 纽约中央公园的秋色

🌐 **图 2-42** 纽约中央公园里的自然景观

奥姆斯特德的理论和实践活动推动了美国自然式风景庭园运动的发展。受奥姆斯特德影响,从19世纪末开始,自然式设计的研究向两方面深入。其一,依附城市的自然脉络——水系和山体,通过开放空间系统的设计将自然引入城市;其二,建立自然景观分类系统作为自然式设计的形式参照系。

1858年,"景观设计师"的称谓由奥姆斯特德提出,并在1863年被正式作为职业称号,这个称号有别于当时盛行的风景园林师,它是对后者职业内涵和外延的一次意义深远的扩充和革新。国外媒体这样评价奥姆斯特德:"几乎没有另外一个人可以与弗雷德利克·奥姆斯特德在美国现代景观发展中的地位相媲美,作为'现代景观设计之父'的奥姆斯特德不仅开创了现代景观设计作为美国文化重要组成部分的先河,而且也第一次使景观设计师在社会上的影响和声誉达到了空前的高度。他留给后人的无穷财富不仅仅是那些永远都会被人类津津乐道的设计作品,更重要的是他用罕见而深邃的目光和精辟久远的见解把景观设计发展成为一门现代的综合学科,并且最终得到社会的认可。"

现代景观设计涉及的范围广泛,从城市公园、城市广场、道路、居住区到滨水带的设计等,已远远超越了传统意义上的庭园设计。社会日新月异的发展,为景观设计提供了较之以往丰富得多的技术手段、新型材料和设计元素。设计的诗情画意也要、叠山理水也不可少,但仅仅靠这些传统表现手法已难以满足当今社会对景观艺术的要求。席卷全球的生态主义浪潮促使人们站在科学的视角上重新审视景观行业,面对当今人口的增加,土地使用面积的相对减少,景观设计更要关注以土地为主的自然资源的保护利用,以及由此引发出来的生态环境保护问题。

第三章　景观空间设计基础

第一节　景观空间造型基础

现代景观的构成元素多种多样，造型千变万化，这些形形色色的元素造型实际上可看作是简化的几何形体消减、添加的组合。也就是说，景观形象给人的感受，都是以微观的造型要素的表情特征为基础的。点、线、面、体是景观空间的造型要素，掌握其语言特征是进行景观设计的基础。

一、点

点是构成形态的最小单元，点排列成线，线堆积成面，面组合成体。点既无长度，也无宽度，但可以表示出空间的位置。当平面上只有一个点时，我们的视线会集中在这个点上。点在空间环境里具有积极的作用，并且容易形成环境中的视觉焦点。例如，当点处于环境中心时，点是稳定、静止的，以其自身来组织围绕着它的诸要素，具有明显的向心性；当点从中心偏移时，所处的范围就变得富有动势，形成一种视觉上有方向的牵引力。

当空间中的点以多个出现时，不同的排列、组合会产生不同的视觉效果。例如，两个点大小相同时，会在它们之间暗示线的存在；同一层面上的三五个点，会让人产生面的联想；若干个大小相同的点组合时，如果相互严谨、规则的排列，会产生严肃、稳定、有序之美；若干个大小不同的点组合时，人在视觉上会感到有透视变化，产生了空间层次，因而富有动态、活泼之美。

点的形态在景观中处处可见，其特征是相对于它所处的空间来说体积较小，相对集中。如一件雕塑、一把座椅、一个水池、一个亭子，甚至草坪中的一棵孤植树都可看作景观空间中的一个点（图3-1）。因此，空间里的某些实体形态是否被看作点，完全取决于人们的观察位置、视野和这些实体的尺度与周围环境的比例关系。点的合

🌀 **图 3-1**　珠海海滨公园的造型树可以看作草坪中的一点

理运用是景观设计师创造力的延伸,其手法有自由、陈列、旋转、放射、节奏、特异等。点是一种轻松、随意的装饰元素,是景观艺术设计的重要组成部分。

二、线

线是点的无限延伸,具有长度和方向性。真实的空间中是不存在线的,线只是一个相对的概念,空间中的线性物体是具有宽窄、粗细的,之所以被当成一条线,是因为其长度远远超过它的宽度。线具有极强的表现力,除了反映面的轮廓和体的表面状况外,还给人的视觉带来方向感、运动感和生长感(图 3-2),正所谓"神以线而传,形以线而立,色以线而明"。

🌸 **图 3-2**　岐江公园景观"万杆柱阵"

景观中形形色色的线可归纳为直线和曲线两大类。直线是最基本也是运用得最为普遍的一种线型,具有刚硬、挺拔、明确之感,其中粗直线显得强力、稳重,细直线显得敏锐、脆弱。直线形态的设计有时是为了体现一种崇高、胜利的象征,如人民英雄纪念碑、方尖碑等;有时是用来限定通透的空间,这种手法较常用,如公园中的花架、廊柱等 (图 3-3)。曲线具有柔美、流动、连贯的特征,它的丰富变化比直线更能引起人们的注意。中国园林艺术就注重对曲线的应用,表现出造园的风格和品位,体现出师法自然的特色。几何曲线如圆弧、椭圆弧具有规则、圆浑、轻快之感;螺旋曲线富有韵律和动感。自由曲线如波形线、弧线与几何曲线不同的是,它们显得更自由、自然,并更抒情与奔放。

线在景观空间中无处不在,横向如蜿蜒的河流、交织的公路、道路的绿篱带等;纵向如高层建筑、环境中的柱子、照明的灯柱等都呈现出线状,只是线的粗细不一样。在绿化中,线的运用最具特色,要把绿化图案化、工艺化,线的运用是基础,绿化中的线不仅具有装饰美,而且还充溢着一股生命活力的流动美 (图 3-4)。

🌸 **图 3-3**　景观中线的形式无处不在

🌸 **图 3-4**　曲线的运用——英国某公园的植物迷宫

面是指线移动的轨迹,和点、线相比,它有较大的面积、很小的厚度,因此具有宏大和轻盈的表情。面的基本类型有几何形、有机形和不规则形。几何形的面在景观空间中最常见,如方形面单纯、大方、安定;圆形面饱满、充实、柔和;三角形面稳定、庄重有力。几何形的斜面还具有方向性和动势。有机形的面是一种不能用几何方法求出的曲面,它更富于流动和变化,多以可塑性材料制成,如拉膜结构、充气结构、塑料房屋、帐篷等形成的面。不规则形的面虽然没有秩序,但比几何形的面更自然,更富有人情味,如中国园林中水池的不规则平面,自然发展形成的村落布置等。

图3-5　廊的顶面

在景观空间中,设计的诸要素如色彩、肌理、空间等都是通过面的形式才充分体现出来,面可以丰富空间的表现力,吸引人的注意力。面的运用反映在以下三个层面。

(一)顶面

顶面可以是蓝天白云,也可以是浓密树冠形成的覆盖面,或者是亭子、廊的顶面,它们都属于景观空间中的遮蔽面(图3-5)。

(二)围合面

围合面是指从视觉、心理及使用方面限定空间或围合空间的面,它可虚可实,或虚实结合。围合面可以是垂直的墙面,也可以是密植较高的树木形成的树屏,或者是若干柱子呈直线排列所形成的虚拟的面等。另外,地势的高低起伏也会形成围合面(图3-6)。

图3-6　护栏形成的围合面

(三)基面

景观中的基面可以是铺地、草地、水面,也可以是对景物提供的有形的支撑面等,基面支持着人们在空间中的活动,如走路、休息、划船等。

四、体

体是面移动而成的，它不是靠外轮廓表现出来的，而是从不同角度看到的不同形貌的综合。体具有长度、宽度和深度。体可以是实体（由体部取代空间），也可以是虚体（由面状形所围合的空间）。体的首要特征是形，形体的种类有长方体、多面体、曲面体、不规则形体等。体具有尺度、量感和空间感，体的表情是围合它的各种面的综合表情。宏伟、巨大的形体如宫殿、巨石等，引人注目，并使人感到崇高敬畏；小巧、亲切的形体如洗手钵、园灯等，则惹人喜爱，富有人情味。如果将以上大小不同的形体各自随意缩小或放大，就会发现它们失去了原来的意义，这表明体的尺度具特殊作用。在景观环境中，大小不同的形体相辅相成，各自起着不同的作用，既使人们感受到空间的宏伟壮丽，又有亲切美感。

景观中的体可以是建筑、构筑物，也可以是树木、石头、立体水景等，它们多种多样的组合丰富了景观空间（图 3-7）。

🌐 **图 3-7　奇峰秀石的留园假山**

第二节　景观空间的限定

景观设计是一种环境设计，也可说是"空间设计"，目的在于提供给人们一个舒适而美好的外部休闲憩息场所。景观艺术形式的表达，得力于园林空间的构成和组合，空间的限定为这一目标提供了可能。空间的限定是指使用各种空间造型手段在原空间中进行划分，从而创造出各种不同的空间环境。景观空间是指在人的视线范围内，由树木花草（植物）、地形、建筑、山石、水体、铺装道路等构图单体所组成的景观区域。空间的限定手法常见的有围合、覆盖、高差变化、地面材质变化等。

一、围合

围合是空间形成的基础，也是最常见的限定手法。室内空间是由墙面、地面、顶面围合而成的，室外空间则是更大尺度上的围合体，它的构成元素和组织方式更加复杂。景观空间常见的围合元素有建筑物、构筑物、植物等，而且围合元素和构成方式不同，中间被围起的空间形态也有很大不同。

人们对空间的围合感是评价空间特征的重要依据，空间围合感受以下几个方面影响。

（一）围合实体的封闭程度

单面围合或四面围合对空间的封闭程度明显不同，研究表明，实体围合面达到 50% 以上时可建立有效的围合感，单面围合所表现的领域感很弱，仅有沿边的感觉，更多的只是一种空间划分的暗示。当然，在设计中这要看具体的环境要求，选择相宜的围合度。

（二）围合实体的高度

空间的围合感还与围合实体的高度有关，当然这是以人体的尺度作为参照的。以在空地的四周砌砖墙为例：当墙体高度在 0.4m 时，围合的空间没有封闭性，仅仅作为区域的限制与暗示，而且人极易穿越这个高度，在实际运用中，这种高度的墙体常常结合休息座椅来设计；当墙体高度为 0.8m 时，空间的限定程度较前者稍高一些，但对于儿童的身高尺度来说，封闭感已相当强了，因此儿童活动场地周边的绿篱高度多半以这个标准；当墙体高度达到 1.3m 时，成年人的身体大部分都被遮住了，有了一种安全感，如果坐在墙下的椅子上，整个人还能被遮住，私密性较强，因此在室外环境中，常用这个高度的绿篱来划分空间或作为独立区域的围合体；当墙体高度达到 1.9m 以上时，人的视线完全被挡住，空间的封闭性急剧加强，区域的划分完全确定下来，当采用此种高度的绿篱带时也能达到这种效果（图 3-8）。

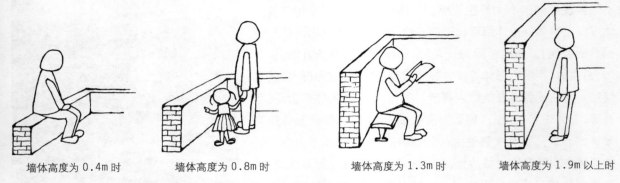

墙体高度为 0.4m 时　　　墙体高度为 0.8m 时　　　墙体高度为 1.3m 时　　　墙体高度为 1.9m 以上时

🌐 **图 3-8**　空间的围合感与围合实体的高度有关

（三）实体高度和实体开口宽度的比值

实体高度（H）和实体开口宽度（D）的比值也在很大程度上影响到空间的围合感。当 $D/H<1$ 时，空间犹如狭长的过道，围合感很强；当 $D/H=1$ 时，空间围合感较前者弱；当 $D/H>1$ 时，空间围合感更弱，尤其是随着 D/H 的比值增大，空间的封闭性也越来越差（图 3-9）。

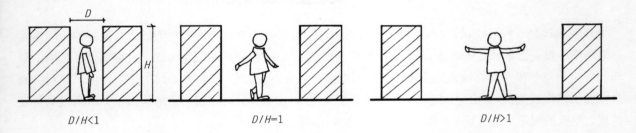

$D/H<1$　　　　　　　　$D/H=1$　　　　　　　　$D/H>1$

🌐 **图 3-9**　空间的围合感与实体高度（H）和开口宽度（D）的比值有关

二、覆盖

覆盖是指空间的四周是开敞的，而顶部用构件限定，这如同下雨天我们撑的伞一样，伞下就形成了一个不同于外界的限定空间。覆盖有两种方式，一种是覆盖层由上面悬吊，另一种是覆盖层的下面有支撑。例如，广阔的草地上有一棵大树，其茂盛繁密的大树冠像撑开的一把大伞覆盖着树下的空间，人们聚在树下聊天、下棋等（图 3-10）。再如，轻盈通透的单排柱花架，或单柱式花架，它们顶棚攀缘着观花蔓木，顶棚下限定出了一个清静、宜人的休息环境。

🌐 **图 3-10**　树冠像把伞覆盖着下面的空间

三、高差变化

利用地面高差变化来限定空间也是较常用的手法。地面高差变化可创造出上升或下沉空间，上升空间是指在较大空间中，将水平基面局部抬高，被抬高空间的边缘可限定出局部小空间，从视觉上加强了该范围与周围地面空间的分离性；下沉空间与前者相反，是将基面的一部分下沉，明确出空间范围，这个范围的界限可以用下沉的垂直表面来限定。

上升空间具有突出、醒目的特点,容易成为视觉焦点,如舞台等。它与周围环境之间的视觉联系程度,受抬高尺度的影响。当基面抬高较低时,上升空间与原空间具有较强的整体性;当抬高高度稍低于视高时,可维持视觉的连续性,但空间的连续性中断;当抬高高度超过视高时,视觉和空间的连续性中断,整体空间被划分为两个不同空间。

下沉空间具有内向性和保护性,如常见的下沉广场,它能形成一个和街道的喧闹相互隔离的独立空间。下沉空间就视线的连续性和空间的整体感而言,随着下降高度的增加而减弱,当下降高度超过人的视高时,视线的连续性和空间的整体感完全被破坏,使小空间从大空间中完全独立出来。下沉空间同时可借助色彩、质感和形体要素的对比处理,来表现更具个性和目的的个体空间 (图 3-11)。

四、地面材质变化

通过地面材质的变化来限定空间,其限定程度相对于前面几种来说要弱些,它形成的是虚拟空间,但这种方式运用较为广泛。地面材质有硬质和软质之分,硬质地面指铺装硬地,软质地面指草坪。如果庭院中既有硬地也有草坪,因使用的地面材质不同,呈现出两个完全不同的区域,一个可供人行走,另一个却不一定,因此在人的视觉上形成两个空间。硬质地面可使用的铺装材料很多,有水泥砖、石材、卵石等,这些材料图案、色彩、质地丰富,这就为通过地面材质的变化来限定空间提供了条件 (图 3-12)。

图 3-11　下沉式公园利用高差来限定空间　　　　图 3-12　丰富的地面材质变化

第三节　景观空间的尺度

景观空间设计的尺度和建筑设计的尺度一样,都是基于对人体的参照,即景观空间是为人所用,必须以人为尺度单位,考虑人身处其中的感受。

景观环境给人们提供了室外交往的场所,人与人之间的距离决定了在相互交往时何种渠道成为最主要的交往方式,并因此影响到景观设计中的空间尺度。人类学家霍尔将人际距离概括为四种:密切距离、个人距离、社会距离和公共距离。

一、密切距离

0 ~ 0.45m 距离小于个人空间,可以互相体验到对方的辐射热、气味,是一种比较亲昵的距离,但在公共场所与陌生人处于这一距离时会感到严重不安。

二、个人距离

0.45 ~ 1.2m 距离与个人空间基本一致,处于该距离范围内,能提供详细的信息反馈,谈话声音适中,言语交往多于触觉,适用于亲属、密友或熟人之间的交谈。因为公共场所的交流活动多发生在不相识的人们之间,空间环境的设计既要保证交流的进行,又要不过多侵害个体领域的需求,以免因拥挤而产生焦虑感。因此,在室外环境中涉及休息区域的设计时,应保证人们可以占有 0.6m 半径以上的空间范围是很重要的。

三、社会距离

1.2 ~ 3.6m 是邻居、朋友、同事之间的一般性谈话的距离。在这一距离中,相互接触已不可能,由视觉提供的信息没有个人距离时详细,彼此保持正常的声音水平。观察发现,若熟人在这一距离出现,坐着工作的人不打招呼继续工作也不为失礼;反之,若小于这一距离,工作的人不得不打招呼。

四、公共距离

3.6 ~ 8m 或更远的距离是演员或政治家与公众正规接触所用的距离。这一距离无视觉细部可见,为了正确表达意思,需提高声音,甚至采用动作辅助言语表达。

当距离在 20 ~ 25m 时,人们可以识别对面人的脸,这个距离同样也是人们对这个范围内的环境变化进行有效观察的基本尺度。研究表明,如果每隔 20 ~ 25m 景观空间内有重复的变化,或是材料,或是地面高差,那么,即使空间的整体尺度很大,也不会有单调感。这个尺度也常被看作外部空间设计的模数,空间区域的划分和各种景观小品如水池、雕塑的设置都可以以此为单位进行组织。

当距离超出 110m 时,肉眼只能辨别出大致的人形和动作,这一尺度可作为广场尺度,能形成宽广、开阔的感觉。

日本建筑师芦原义信在《外部空间设计》一书中讨论了在实体围合的空间中实体(植物、建筑、地形等空间境界物)的高度 (H)和间距 (D)之间的关系,当实体孤立时,在其周围存在着扩散性的消极空间,这个实体可被看作是雕塑性、纪念碑性的;当实体高度大于实体间距时,空间会有明显的紧迫感,封闭性越强;当实体间距大于实体高度甚至呈倍数增大时,实体之间的相互影响已经薄弱了,形成了一种空间的离散。芦原义信提出了"1/10 理论",即为了营造同样氛围的空间环境,外部空间可采用内部空间尺寸 8 ~ 10 倍的尺度。因此,熟练掌握和巧妙运用这些尺度对于景观空间设计相当重要。

第四章　景观设计的要素

第一节　地面铺装设计

　　地面铺装是指用各种材料对地面进行铺砌装饰,它的范围包括园路、广场、活动场地、建筑地坪等。地面铺装在景观环境中具有重要的地位和作用,第一,要避免地面在下雨天泥泞难走,并使地面在高频度、大负荷的荷载之下不易损坏;第二,为人们提供了一个良好的休息、活动场地,并创造出优美的地面景观(图4-1);第三,具有分隔空间和组织空间的作用,并将各个绿地空间连成一个整体,同时还有组织交通和引导游览的作用。地面铺装作为景观空间的一个界面,它和建筑、水体、绿化一样,是景观艺术创造的重要因素之一。

🌐 图4-1　澳门街头用天然石材碎料铺设的条形地纹

　　我国地面铺装艺术历史悠久 (图4-2),元代的“金砖”,因其质地细密、坚硬如石、光亮可鉴而成为中国古代园林铺地艺术中的一绝。现代景观中的地面铺装艺术,随着材料的推陈出新、施工技术的提高和现代设计观念的影响,其表现形式会更加丰富 (图4-3)。

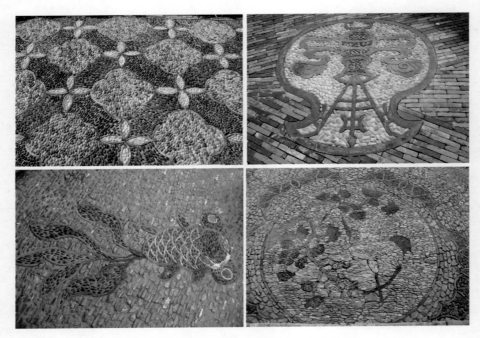

图 4-2　中国古典园林地面铺装艺术

图 4-3　现代景观地面铺装艺术

一、地面铺装的分类

地面铺装的分类有很多种,常见的是按使用材料的不同进行分类。

(一) 整体路面

整体路面是指用水泥混凝土或沥青混凝土进行统铺的地面。这种路面成本低、施工简单,并且具有平整、耐压、耐磨等优点,适用于通行车辆或人流集中的道路,常用于车道、人行道、停车场的地面铺装。这种路面的缺点是较单调 (图 4-4)。

(二) 块材铺地

块材铺地包括各种天然块材、各种预制混凝土块材和砖块材铺地,主要用于建筑物入口、广场、人行道、大型游廊式购物中心的地面铺装。天然块材铺装路面常用的石料首推花岗岩;其次有玄武石、石英岩等,一般价格较高,但坚固耐用 (图 4-3)。预制混凝土块材铺装路面具有防滑、施工简单、材料价格低廉、图案色彩丰富等优点,因此在现代景观铺地中被广泛使用。砖块材是由黏土或陶土经过烧制而成的,在铺装地面时,可通过砌筑方法形成各种不同的纹理效果 (图 4-5)。

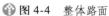 图 4-4　整体路面　　　　　　　　　　　　　　🌐 图 4-5　砖块材的铺装设计

（三）碎料铺地

碎料铺地是指用卵石、碎石等拼砌的铺装方法，主要用于庭院和各种游憩、散步的小路，经济、美观，富有装饰性（图 4-6）。

（四）综合铺地

综合铺地是指综合使用以上各类材料铺筑的地面，它的特点是图案纹样丰富，颇具特色（图 4-7）。

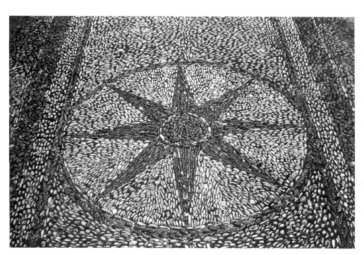

🌐 图 4-6　用卵石拼砌的美丽图案　　　　　　🌐 图 4-7　使用不同材料的铺装小径和与
　　　　　　　　　　　　　　　　　　　　　　　　　　　　之相对照的地面植被

二、地面铺装的设计要点

（一）地面铺装的指引性

道路在景观中往往能起到分隔空间和组织空间的作用，道路的规划使游人能够按照设计者的意愿、路线和角度来观赏景物，因此，我们可以通过地面铺装设计来增加游览的情趣，增强流线的方向感和空间的

指引性。常用的手法是对地面进行局部的重点装饰,起到暗示的作用,这个装饰的重点应与具体的空间环境相适应（图 4-8）。

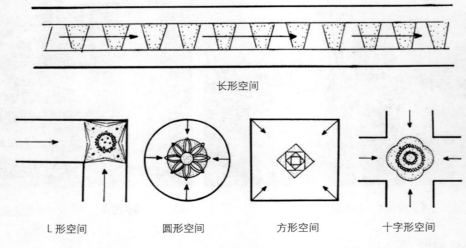

长形空间

L形空间   圆形空间   方形空间   十字形空间

🌀 **图 4-8** 长形、L形、圆形、方形、十字形空间的指引性

长形空间具有向前的指引性,因此在地面铺装时,多对整条路面进行装饰,或强调路面的起点,或把装饰重点放在道路的两侧。

L形空间具有向转角的指引性,因此地面铺装设计时,重点应放在两条路的交汇处。

圆形、方形、十字形等空间具有向心的指引性,因此装饰的重点也应在中心。

（二）质感

地面铺装的美,很大程度上要依靠材料质感的美。铺地的材料一般以粗糙、坚固、浑厚者为佳。

（1）质感的表现,要与周围的环境相协调。因此在选择材料之前,要充分了解它们的表面特征,并利用它们形成空间的特色。大面的石材铺地让人感觉到庄严肃穆,砖铺地使人感到温馨亲切,石板路给人一种清新自然的感觉,原木铺地让人感到原始淳朴,水泥地面则纯净冷漠,卵石铺地富于情趣。

（2）质感的调和,要考虑同一调和或对比调和。当使用地被植物、石子、沙子、混凝土等进行铺装时,使用同一材料的地面,比使用多种材料的地面更容易达到整洁和统一,形成调和的美感。

如果运用质感对比的方法铺地,也能获得一种协调的美,增强铺地的层次感（图 4-9）。比如,在尺度较大的空地上采用混凝土铺地时会略显单调,为改变这种局面,可以在其中或道路旁采用局部的卵石铺地或砖铺地来丰富层次。再如,我们常在草坪中点缀步石,石板坚硬、深沉的质感和草坪的柔软、光泽的质感相对比,丰富了地面层次。

（3）质感的变化,要与色彩的变化均衡相称。如果地面色彩变化过多,则质感的变化要少些；如果地面色彩单调,则质感的变化相对应丰富些。

🌀 **图 4-9** 地面材质坚硬与柔软的对比

（三）色彩

（1）色彩的背景作用。地面的色彩在景观中一般是衬托景点的背景,或者说是底色,人和风景才是主体（特殊情况除外）。因此地面色彩应避免过于鲜艳、富丽,否则会喧宾夺主造成混乱的气氛。色彩的选择应稳重而不沉闷,鲜明而不俗气,能被大多数人所接受。

（2）色彩必须与环境相统一，或宁静、清洁、安定，或热烈、活泼、舒适，或粗糙、野趣、自然，因此，在地面铺装设计中，有意识地利用色彩的变化，可以丰富和加强空间环境的气氛。

（3）色彩的调和。如果地面铺装选择的材料过多，各式各样的材料同时存在，却忽视色调的调和，其结果会大大地破坏景观的整体性。为避免这种情况，在铺装设计时，可先确定地面色彩的基调，或冷、暖色调，或明、暗色调，或同类色调。这样，在把握地面色彩的主色调后，即使局部有些跳跃变化，也容易获得整体上的协调。

（四）尺度

路面砌块的大小、色彩、质感和拼缝的设计等都与场地的尺度有密切的关系。一般大场地的地面材料尺寸宜大些，质感可粗些，纹样不宜过细，色彩宜沉着稳重；而小场地的地面材料尺寸宜小些，质感不宜过粗，纹样可细些，色彩也可鲜明活泼些。例如，水泥砌块和大面的石料适合用在较宽的道路和广场，尺度较小的地砖和卵石则较适合于铺在尺度较小的路面或空地上。

三、常用的地面铺装形式及构造

（一）整体路面

（1）水泥混凝土铺地（构造图见图4-10）。

（2）沥青碎石铺地（构造图见图4-11）。

（3）旱冰场铺地（构造图见图4-12）。

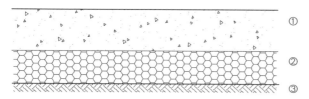

① 80～150mm厚 #200混凝土；

② 80～120mm厚碎石；③素土夯实

图4-10 水泥混凝土铺地构造图

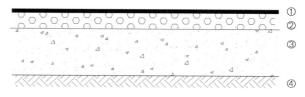

① 10mm厚二层柏油表面处理； ② 50mm厚泥结碎石；

③ 150mm厚碎砖或白灰、煤渣； ④素土夯实

图4-11 沥青碎石铺地构造图

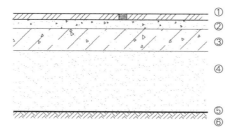

① 20mm厚水磨石面层，嵌1mm厚铜皮分格条；② 40mm厚混凝土，内配 #18铝丝菱形网一层；

③ 100mm厚钢筋混凝土； ④ 300mm厚3:7灰土；⑤塑料薄膜；⑥素土夯实

图4-12 旱冰场铺地构造图

（二）块材铺地

（1）混凝土方砖铺地（构造图见图4-13）。

（2）彩色混凝土砖铺地（构造图见图4-14）。

（3）天然石板铺地（构造图见图4-15）。

（4）青（红）砖铺地（构造图见图4-16）。

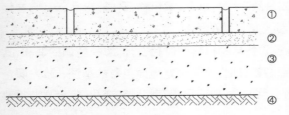

① 500mm×500mm×100mm #150 混凝土方砖;

② 50mm 厚粗砂;③ 150 ~ 250mm 厚灰土;

④素土夯实（注：胀缝加 10mm×9.5mm 橡皮条）

🌐 **图 4-13** 混凝土方砖铺地构造图

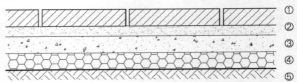

① 100mm 厚彩色混凝土花砖（彩色表面层 20mm 厚）;

② 30mm 厚粗砂;③ 50mm 厚灰土;④素土夯实

🌐 **图 4-14** 彩色混凝土砖铺地构造图

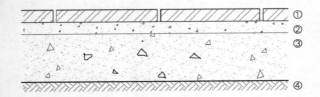

① 600mm×600mm×50mm 花岗岩板;

② 30 ~ 50mm 厚 #25 混合砂浆;

③ 150 ~ 250mm 厚碎砖三合土;④素土夯实

🌐 **图 4-15** 天然石板铺地构造图

① 50mm 厚青砖;② 30mm 厚灰泥;③ 50mm 厚混凝土;

④ 50mm 厚碎石;⑤素土夯实

🌐 **图 4-16** 青（红）砖铺地构造图

（5）石板嵌草路（构造图见图 4-17）。

（6）停车场铺地（构造图见图 4-18 和图 4-19）。

（7）步石（构造图见图 4-20）。

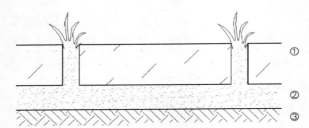

① 100mm 厚石板;② 50mm 厚黄沙;③素土夯实（注：石缝宽 30 ~ 50mm 嵌草）

🌐 **图 4-17** 石板嵌草路构造图

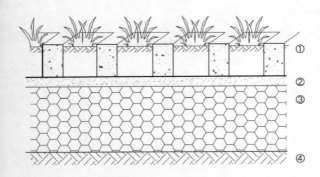

① 100mm 厚混凝土空心砖（内填土壤种草）;

② 30mm 厚粗砂;③ 250mm 厚碎石;④素土夯实

🌐 **图 4-18** 停车场铺地构造图一

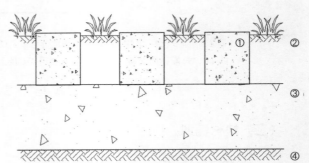

① 200mm 厚混凝土方块;② 200mm 厚培养土种草;

③ 250mm 厚砾石;④素土夯实

🌐 **图 4-19** 停车场铺地构造图二

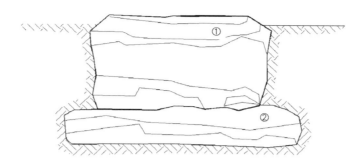

①大块毛石；②基石毛石或100mm厚水泥混凝土板

🌐 **图4-20** 步石构造图

（三）碎料铺地及汀步

（1）卵石路（构造图见图4-21）。

（2）卵石嵌花路（构造图见图4-22）。

（3）羽毛球场碎石铺地（构造图见图4-23）。

（4）荷叶汀步（构造图见图4-24）。

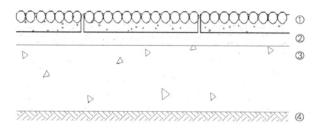

① 70mm厚混凝土栽小卵石；

② 30～50mm厚 ＃25混合砂浆；

③ 150～250mm厚碎砖三合土；④素土夯实

🌐 **图4-21** 卵石路构造图

① 70mm厚预制混凝土嵌卵石；② 50mm厚 ＃25混合砂浆；

③ 50mm厚灰土；④素土夯实

🌐 **图4-22** 卵石嵌花路构造图

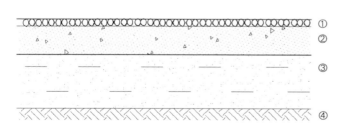

①黑色碎石；②碎石；③级配砂石；④素土夯实

🌐 **图4-23** 羽毛球场碎石铺地构造图

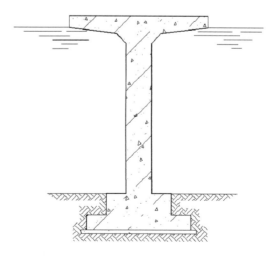

🌐 **图4-24** 荷叶汀步构造图（钢筋混凝土现浇）

第二节　植物设计

作为重要的景观要素,植物的功能体现在非视觉性和视觉性两方面。植物的非视觉功能是指植物具有净化空气、吸收有害气体、调节和改善小气候、吸滞烟尘及粉尘、降低噪声等作用。植物的视觉功能是指植物的审美功能,即根据不同环境景观的设计要求,利用不同植物的观赏形态加以设计,从而达到美化环境、使人心情愉悦的作用。植物设计是景观设计中必不可少的组成部分,也是景观艺术表现的主要手段。

一、植物的类型

现代景观中的植物名称繁多,按类型来分有以下几种。

(一) 乔木

乔木是植物景观营造的骨干材料,有高大主干,生长年限长,枝叶繁茂,绿量大,具有很好的遮阴效果,在植物造景中占有重要的地位,并在改善小气候和环境保护方面作用显著 (图4-25)。以观赏特性为分类依据,可以把乔木分为以下两类。

(1) 常绿类:如榕树、樟树、广玉兰、桂花、山茶、油松、雪松、黑松、云杉、冷杉、侧柏、圆柏等。

(2) 落叶类:如梧桐、银杏、毛白杨、旱柳、垂柳、悬铃木、玉兰、金钱松、水杉、落叶松等。

"景观绿化,乔木当家。"乔木体量大,其树种的选择和配置最能反映植物景观的整体形象和风貌,因此是植物造景首先要考虑的因素。

🌐 图4-25　常见乔木

（二）灌木

景观中的灌木通常指具有美丽芳香的花朵、色彩丰富的叶片或诱人可爱的果实等观赏性的灌木和观花小乔木。这类植物种类繁多，形态各异，在景观营造中最具艺术表现力（图 4-26）。按照其在景观中的造景功能，可以把灌木分为以下类别。

（1）观花类：如梅花、紫荆、木槿、山花、紫薇、芙蓉、牡丹、迎春、栀子、茉莉、火棘、夹竹桃等。

（2）观果类：如南天竹、火棘、枸棘、毛樱桃、金橘、十大功劳、小叶女贞、黑果绣球、贴梗海棠等。

（3）观叶类：如大（小）叶黄杨、石楠、金叶女贞、卫矛、南天竹、紫叶小檗、矮紫杉、蚊母树、雀舌黄杨、鹅掌柴等。

（4）观枝干类：如红端木、棣棠、连翘、平枝枸子等。

灌木在景观植物中属于中间层，起着乔木与地被植物之间的连接和过渡作用。在造景方面，灌木既可作为乔木的陪衬，增加树木景观的层次变化；也可作为主要观赏对象，突出表现灌木的观花、观果和观叶效果。灌木平均高度基本与人的平视高度一致，极易形成视觉焦点，加上其艺术造型的可塑性极强，因此在景观营造中具有极其重要的作用。

红花木槿　　　　　十大功劳　　　　　金叶女贞球

大叶黄杨

紫荆　　　　金山棕与银边鸢尾　　　　紫薇　　　　　火棘

🌐 **图 4-26　常见灌木**

（三）花卉

这里的花卉是狭义的概念，仅指草本的观花植物。花卉的特征是没有主茎，或虽有主茎但不具木质特征或仅基部为木质化，可分为一年、二年生草本花卉和多年生草本花卉，如一串红、太阳花、长生菊、蝴蝶兰等（图 4-27）。

花卉具有种类繁多、色彩丰富、生产周期短、布置方便、更换容易、花期易于控制等优点。花卉能丰富景观绿地并且能够烘托环境气氛，特别是在重大节庆期间，花卉以其艳丽丰富的色彩使节庆日倍增喜庆和欢乐气氛，因此在景观绿化中被广泛应用，并常常具有画龙点睛的作用（图 4-28）。

（四）草坪和地被植物

草坪是指有一定设计、建造结构和使用目的的人工建植的草本植物形成的块状地坪，具有美化和观赏效果,或能供人休闲、游乐和体育运动的坪状草地（图4-29）。草坪在现代景观绿地中应用广泛,几乎所有的空地都可设置草坪,进行地面覆盖,防止水土流失和二次飞尘,或创造绿毯般富有自然气息的游憩活动与运动健身的空间。按草坪使用功能的不同,可分为游息草坪、观赏草坪、体育草坪、林下草坪等。按草坪的规划形式不同,可分为自然式草坪和规则式草坪两种。草坪植物可分为两大类。

(1) 暖季型草坪草。如地毯草、中华结缕草、野牛草、天堂草、格兰马草、狗牙根等。

(2) 冷季型草坪草。如高羊茅、细羊矛、小糠草、草地早熟禾、加拿大早熟禾等。

一串红　　　　　　　　　　　　　　　　太阳花

长生菊　　　　　　　　　　　　　　　　蝴蝶兰

🌐 图4-27　常见花卉

🌐 图4-28　花卉造景　　　　　　　🌐 图4-29　美国纽约中央公园大草坪

草坪作为一种空间景观具有开阔明朗的特性,最适宜的应用环境是面积较大的集中绿地,因此在城市景观规划中广为应用,它能使城市获得开阔的视线和充足的阳光,使环境更为整洁和明朗(图4-30)。

地被植物是指株丛紧密、低矮、用以覆盖景观地面,防止杂草丛生的植物。草坪植物实际属于地被植物,但因其在景观艺术设计中的重要性,故单独划出。常见的地被植物还有麦冬、石菖蒲、葱兰、八角金盘、二月兰等。

地被植物适应性强、造价低廉、管理简便,是景观绿地划分最常用的植物,也是城市绿地景观形成宏大规模气势的重要手段。

(五)藤本植物

藤本植物是指自身不能直立生长,需要依附它物或匍匐地面生长的木本或草本植物。它最大的优点就是很经济地利用土地,并能在较短时间内创造大面积的绿化效果,从而解决因绿地狭小而不能种植乔灌木的环境绿化问题。常见的藤本植物有牵牛花、何首乌、吊葫芦、葡萄、龙

🌐 **图 4-30** 法国波尔多植物园草坪

须藤、五叶地锦、野蔷薇、紫藤、凌霄、常青藤、金银花等(图4-31)。藤本植物用于垂直绿化极易形成立体景观,既有美化环境的功能,又有分隔空间的作用,加之纤弱飘逸、婀娜多姿的形态,能够软化建构物生硬冰冷的立面而带来无限生机。藤本植物的景观营造方式有绿廊式、墙面式、篱垣式、立柱式。

🌐 **图 4-31** 常见藤本植物

（六）水生植物

水生植物是指生长在水中、沼泽或岸边潮湿地带的植物。它对水体具有净化作用，并使水面变得生动活泼，增强了水景的美感。常见的水生植物有菖蒲、王莲、凤眼莲、水杉、菱、荷花、睡莲等（图4-32和图4-33）。

图 4-32　杭州西湖荷花　　　　　　　　　　　　　　　　　　　　图 4-33　睡莲

二、植物的配植

（一）植物配植的形式美原则

人们在进行植物景观设计时，必然会涉及形式美原则这一问题，即用形式美的规律进行构思、设计，并把它实施建造出来。

1. 对比与调和

在植物景观设计中，既要运用对比也要注意调和。对比是为了突出主题或引人注目，调和是为了产生协调感，从而使人心情舒适、愉悦。调和要通过植物的种类和布局形式等方面来获得统一协调。对比方式有以下几种。

（1）空间对比：巧妙地利用植物创造开敞与封闭的对比空间，能引人入胜，丰富人的观赏体验。人从封闭空间转到开敞空间，会感到豁然开朗、心旷神怡；从开敞走向封闭，会感到深邃而幽寂，别具韵味。

（2）体量对比：是指植物的实体大小、粗细与高低的对比关系，目的是相互衬托，这种搭配能够获得变化丰富的轮廓天际线（图4-34）。

（3）方向对比：指配植所构成的横向和纵向的线性对比。如单株乔木与草坪配植形成孤植树更加突出，草坪具有更加开敞的效果（图4-35）。

（4）色彩对比："远观其色，近观其形"，植物的色彩往往给人以第一印象。利用植物色彩的冷暖、明暗对比，巧妙配置，能为景观增色不少。例如，枫树种植在浓绿的树林背景前，在色彩上形成鲜明的冷暖对比，打破了单调的格局；在花坛设计中，利用多种不同颜色叶片的灌木组合成各种图案造型，是植物景观设计中常用的手法。

2. 均衡与稳定

植物的质感、色彩、大小等都可以影响到均衡与稳定，均衡有"对称式均衡"和"非对称式均衡"（图4-36）。对称式均衡常用于规则式建筑、庄严的陵园或雄伟的皇家园林中，给人一种规则、整齐、庄重的感觉。非对称式均衡则能赋予景观自然生动的感觉,常用于花园、公园、植物园、风景区等较自然的环境中。例如一条蜿蜒曲折的园路两旁,路右边若种植一棵高大的雪松,则邻近的左侧须种植数量较多、单株体量较小、成丛的花灌木,以求均衡稳定。

大小相同、排列单调、观赏效果不佳

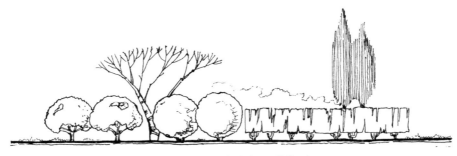

大小不同、排列穿插丰富、观赏效果好

🌐 图 4-34 体量对比

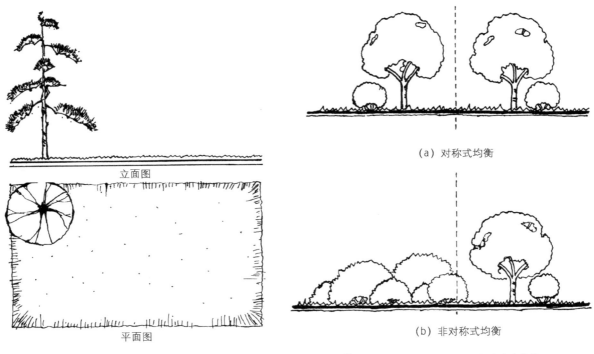

立面图

平面图

🌐 图 4-35 对比突出主景树

(a) 对称式均衡

(b) 非对称式均衡

🌐 图 4-36 对称式均衡与非对称式均衡

3．比例与尺度

植物景观设计时确定合理的比例与尺度,能获得较好的景观视觉效果。这种比例尺度的确定是以人体作为参照物的,与人体具有良好的尺度关系的物体被认为是合乎标准的、正常的,比正常标准大的比例会使人感到畏惧,而小比例则具有从属感。景观植物的空间受植物的自然生长特性的影响,其比例和尺度的控制不可能那么精确,但在整体的空间构造中模糊考虑植物的长度以及空间的比例也是非常必要的。例如在私家庭园中,树种应选用矮小植物,体现小中见大;由于儿童视线低,设计儿童活动场时,绿篱的修剪高度不宜过高。

4. 节奏与韵律

有规律的再现称为节奏,在节奏的基础上深化而形成的既富于情调又有规律可以把握的属性称为韵律。植物景观设计中,可以利用植物的形态、色彩、质地等要素进行有节奏和韵律的搭配。常用节奏和韵律来表现的方式有行道树、高速公路中央隔离带等适合人心理快节奏感受的街道绿化,同时要注意植物纵向的立体轮廓,做的高低搭配,有起有伏,产生节奏韵律,避免布局呆板。

(二)植物的配植方法

1. 植物配植的基本形式

植物配植的基本形式有以下三种。

(1)规则式:又称几何式、图案式,是指乔灌木成行陈列等距离排列种植,或进行有规则的简单重复,具有规整形状。花卉布置以图案为主,花坛多为几何形,多使用植篱、整形树及整形草坪等,体现了整齐、庄重、人工美的艺术特征。规则式植物配植形式的典型代表是西方古典园林景观(图4-37)。

(2)自然式:又称风景式、不规则式,是指植物景观的布局没有明显轴线,植物的分布自由变化,没有一定的规律性。植物种类丰富,种植无固定行距,形态大小不一,充分展示植物的自然生长特性,体现了生动活泼、清幽自然的艺术特征。自然式植物配植形式的典型代表是中国古典园林景观(图4-38)。

图4-37 意大利兰特庄园的绿坛中修剪的黄杨卷草图案　　　　图4-38 留园植物

(3)组合式:是规则式和自然式相结合的形式,它吸收了两者的优点,既有整洁、明快的整体效果,又有活泼、轻松的自然特色,因此在现代植物景观设计中广为应用。根据组合的侧重点不同可分为以下几种形式:自然为主,规则为辅;规则为主,自然为辅;两者并重。

2. 植物的配植可构成不同类型空间

借助于植物材料作为空间限制的因素,能建造出许多类型不同的空间,下面是由植物构成的一些典型的空间类型(图4-39)。

(1)开敞空间:由低矮灌木和地被植物构成。开敞空间四周开敞、外向,无隐秘性,视野开阔,让人心情感觉舒畅、自然。

(2)半开敞空间:与开敞空间的区别是,它的空间一面或多面受到较高植物的封闭,从而限制了视线的穿透,开敞程度较小。这种空间有明显的方向性和延伸性,用以突出较开敞方向的景观。

(3)覆盖空间:利用成片的具有浓密树冠的大乔木,构成一个顶面覆盖而四周开敞的空间。该空间为夹在树冠和地面之间的宽阔空间,人们可在其中活动。

(4)全封闭空间:与覆盖空间相似,但空间的四周均被中小型植物所封闭。常见于森林中,它光线较暗,无方向性,具有极强的隐秘性和隔离感。

（5）垂直空间：运用高而细的植物能构成一个方向直立、朝天开敞的空间。为构成这种空间,尽可能用圆锥形植物,越高则空间越大,而树冠则越来越小。

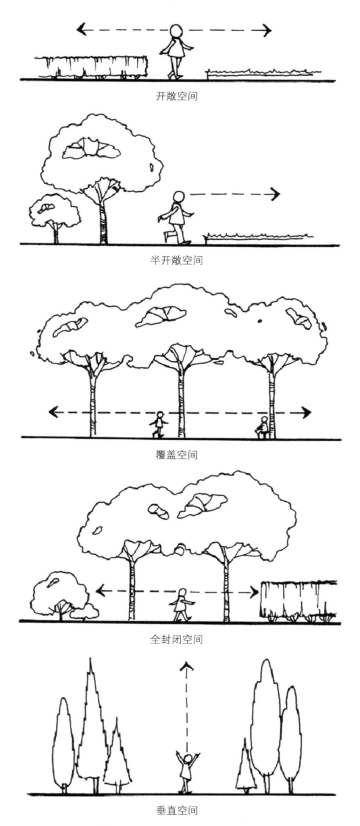

开敞空间

半开敞空间

覆盖空间

全封闭空间

垂直空间

图 4-39　植物构成的空间类型

3. 植物的配植设计

(1) 孤植设计

孤植是为了突出显示树木的个体美,一般均单株种植,也称独赏树,常作为景观构图的主景。通常均为体形高大雄伟、或姿态优美、或观赏效果较好的树种。孤植树作为主景,因而要求栽植地点位置较高,四周空旷,便于树木向四周伸展,并具有较好的观赏视距。孤植树可种在大片草坪上、花坛中心、道路交叉点、道路转折点、池畔桥头等一些容易形成视觉焦点的位置。

(2) 对植和列植设计

对植是将数量大致相等的树木按一定的轴线关系对称地种植。列植是对植的延伸,指成行成带地种植树木(图4-40)。对植和列植的树木不是主景,而是起衬托作用的配景。对植多应用于大门两边、建筑物入口、广场或桥头两旁,用两株树形整齐美观的树木,左右相对地配植。列植在景观中可作景物的背景,种植密度较大的可形成树屏,起到分割隔离的作用,多由一种树木组成,也有间植搭配,并按一定方式排列。列植应用最多的是公路、城市街道行道树、绿篱等。

🌐 **图4-40　列植**

(3) 丛植设计

由二三株至一二十株同种类或相似的树种较紧密地种植在一起,使其林冠线彼此密接而形成一个整体的外轮廓线,这种配植方式称丛植,是将城市绿地里的植物作为主要景观布置时常见的形式。丛植须符合多样统一的原则,所以树种要相同或相似,但树的形态、姿势及配植的方式要多变化,不能像对植或列植一样形成规则式的树林。丛植时,要注意以下情况(图4-41～图4-46)。

(4) 组植设计

由两三株至一二十株同种类的树木组配成一个景观为主的配植方式称组植,也可用几个丛植组成组植。组植的变化可从树木的形状、质地、色调上综合考虑。

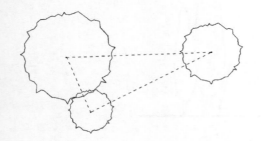
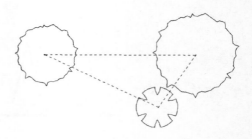

🌐 **图4-41　三株配植正确的形式**

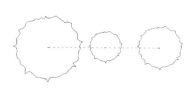
三株在同一直线上

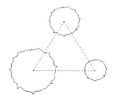
三株呈等边三角形

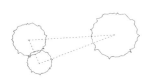
大的为一组,两株小的为一组

三株大小姿态相同

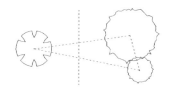
两种树种各自成组

图 4-42　三株配植忌用的形式

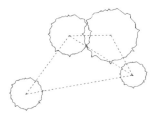
同一树种呈不等边四边形组合

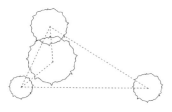
同一树种呈不等边三边形组合

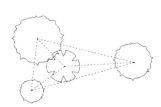
两个树种,单株位于三株
构图中部

图 4-43　四株配植正确的形式

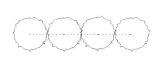
直线

正方形

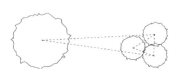
一大三小

等边三角形

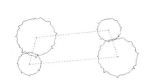
双双成组

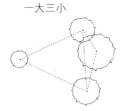
三大一小

图 4-44　四株同一树种配植忌用的形式

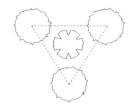
几何中心

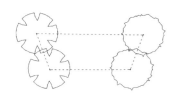
分类成组

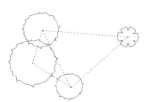
一株的树种最大或最小,
且自成一组

图 4-45　四株两种树种配植忌用的形式

第四章　景观设计的要素

45

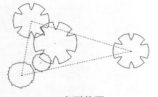 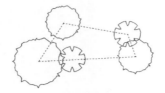 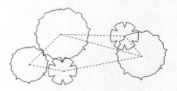

三角形构图　　　　　　　　　四边形构图　　　　　　　　　五边形构图

图 4-46　五株两种树种配植正确的形式

(5) 群植设计

由二三十株以至数百株的乔木、灌木成群配植称为群植,形成的群体称为树群。树群所表现的主要为群体美,应布置在有足够距离的开敞场地上,如大草坪上、水中的小岛屿上、小山坡上等。

(6) 植篱设计

植篱设计是指由同一种树木(多为灌木)近距离密集列植成篱状的树木景观,常用作空间分隔、屏障或植物图案造景的表现手法。植篱设计造型一般有几何型、建筑型和自然型三种。植篱设计形式有以下几种。

① 矮篱:设计高度在 50cm 以下的植篱称为矮篱,用作象征性的绿地空间分隔和环境绿化装饰(图 4-47)。

② 中篱:设计高度在 50～120cm 的植篱称为中篱。中篱有一定高度,一般人不能轻易跨越,故具有一定的空间分隔作用。

③ 高篱:设计高度在 120～150cm 的植篱称为高篱,因高度较高,常用作景观绿地空间的分隔,或用作障景。因高篱的高度未超过人的视平线,故仍保持景观空间的联系。

④ 树墙:设计高度在 150cm 以上的植篱称为树墙,多选用大灌木或小乔木,并多为常绿树种。因高度超过一般人的视高,故常用来进行空间分隔、屏障视线,或用作背景(图 4-48)。

图 4-47　矮篱　　　　　　　　　　　**图 4-48　树墙上开了门洞供人们出入**

⑤ 常绿篱:采用常绿树种设计的植篱也称绿篱。它整齐素雅、造型简洁,是景观绿地中运用最多的植篱形式。

⑥ 花篱:由花灌木组成的植篱称为花篱。其芬芳艳丽,常用作景观绿地的点缀(图 4-49)。

⑦ 果篱:设计时采用能结出许多果实的观果树种,并具有较高观赏价值的植篱,也称观果篱。

⑧ 刺篱:选用多刺植物配植而成的植篱称刺篱,主要作用是边界防范,阻挡行人穿越,也兼有较好的观赏价值。

⑨ 蔓篱:先设计一定形式的篱架,然后用藤蔓植物攀缘其上,形成绿色篱体景观称为蔓篱。常用作围护,或创造特色篱体景观(图 4-50)。

🌐 图 4-49　花篱　　　　　　　　　　　　　　　🌐 图 4-50　蔓篱

⑩ 编篱：将绿篱植物枝条编织成网格状的植篱称为编篱，它是为了增加植篱的牢固性和边界防范作用，避免人或动物穿越。

（7）花卉造景设计

花卉造景设计是景观艺术表现的必要手段，在丰富城市景观的造型和色彩方面扮演着重要角色。花卉造景的设计形式有花坛设计、花台设计、花镜设计。

① 花坛设计：是城市景观中最常见的花卉造景形式（图 4-51），其表现形式很多，有作为局部空间构图的一个主景而独立设置于各种场地之中的独立花坛，有以多个花坛按一定的对称关系近距离组合而成的组合花坛，有设计宽度在 1m 以上、长宽比大于 3：1 的长条形的带状花坛，有由以上几种花坛组成的具有节奏感的连续花坛群。

🌐 图 4-51　花坛设计

② 花台设计：花台是在较高的（一般为 40～100cm）空心台座式植床中填土或人工基质，主要种植草花形成景观（图 4-52）。花台面积一般较小，适合近距离观赏，以表现花卉的色彩、芳香、形态和花台的造型等综合美。花台的设计形式有规则形和自然形两种：规则形花台的种植台座外轮廓为规则几何形体，如圆柱形、棱柱形、瓶形、碗形等，花台的设计可为单个花台，也可由多个台座组合设计成组合花台，规则式花台是较常见的花台形式；自然式花台的台座外形轮廓为不规则的自然形状，多采用自然山石叠砌而成，因其自由灵活、高低错落、变化有致，易与环境中的自然风景协调统一。

③ 花镜设计：是介于规则式与自然式之间的一种带形花卉造景形式，也是以草花和木本植物相结合，沿绿地边界和路缘等地段设计布置的一种植物景观类型（图 4-53）。花镜植物种植既要体现花卉植物自然组合的群体美，也要注意表现植株个体的自然美，因此，不仅要选择观赏价值较高的种类，也要注意相互的搭配关系，如高低、大小、色彩等。

🎲 图 4-52　木质平台与黄铜制作的花台植栽

🎲 图 4-53　道路中央的花镜设计

三、植物的图示

（一）草地的图示

草地经常采用打点法、小短线法或者线段排列法来表现其质感（图 4-54）。在景观彩色平面图中，如果草地面积较大，可采用简便的退晕技法，使图面既有变化，又可节约绘图时间。

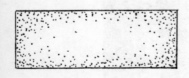

打点法

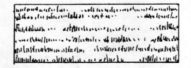

小短线法

线段排列法

🎲 图 4-54　草地的平面图示

（二）灌木的图示

1. 灌木的平面图示

灌木相对于乔木来说,体积较小,没有明显主干,在绘制时只要把握其主要特征,成片绘制即可。表现手法大致分为自由型和规则型两类（图 4-55）。

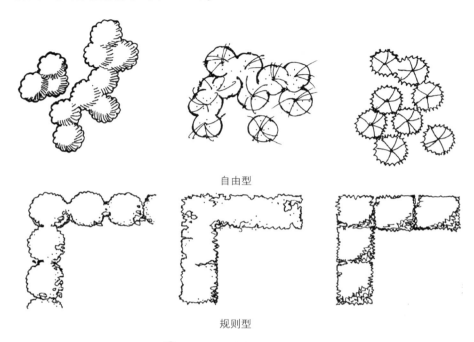

自由型

规则型

🌐 **图 4-55　灌木的平面图示**

2. 灌木的立面图示

灌木的立面图示如图 4-56 所示。

🌐 **图 4-56　灌木的立面图示**

（三）乔木的图示

1. 乔木的平面图示

乔木的平面图示一般是先以树干为圆心、树冠平均半径为半径作圆,再加以材质表现。乔木的材质表现可分为以下类型。

（1）轮廓型：只用线条勾出树的外形轮廓,这种画法较简单且节省时间（图 4-57）。

（2）枝干型：在树木的轮廓基础上,用线条绘出树枝或树干的分叉,有的还绘出冠叶。这种方法多用在大型落叶乔木的绘制中（图 4-58）。

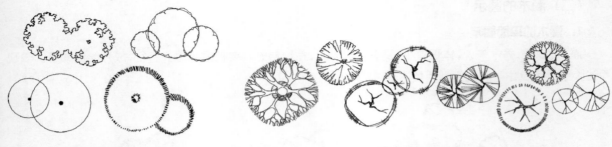

图 4-57　轮廓型　　　　　　　　　　　　　图 4-58　枝干型

（3）写实型：用写实手法绘出树木的平面，主要是表现树叶的特征。这种方法常用于表示常绿乔木，或说明树木多处于重要位置或单独放置（图4-59）。

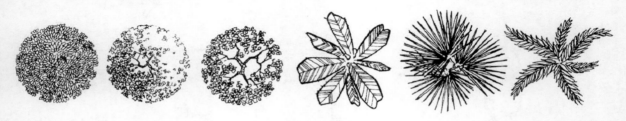

图 4-59　写实型

（4）立体型：在绘制树木的平面时，为了增强其立体效果，除了自身表现立体感外，还在乔木的背光地面绘制阴影（图4-60）。

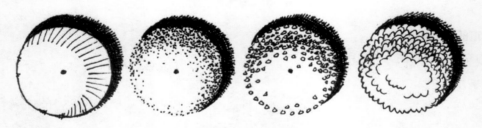

图 4-60　立体型

2. 乔木的立面图示

（1）程式化画法（图4-61）。

（2）写实画法（图4-62）。

图 4-61　程式化画法

图 4-62　写实画法

第三节　水体景观设计

　　水体景观设计是景观设计的难点,但也常常是点睛之笔,古人称水为景园中的"血液""灵魂"。纵览中西古典园林,几乎每种庭园都有水景的存在,尽管在大小、形式、风格上有着很大的差异,但人们对水景的喜爱却如出一辙。水的形态多种多样,或平淡,或跌宕,或喧闹,或静谧,而且淙淙水声也令人心旷神怡。在水景设计中应充分发挥水的流动、渗透、激溅、潺缓、喷涌等特性,以水造景,创造水的拟态空间,只有这样,景观空间的视觉效果才会因水的处理变得虚实相生、彰显分明、声色相称、动静呼应、层次丰富。

一、水景的分类

　　景观中水体的形成有两种方式:一种是自然状态下的水体,如自然界的湖泊、池塘、溪流等;另一种是人工状态下的水体,如水池、喷泉、壁泉等。

　　我们按水体景观的存在形式将其分为静态水景和动态水景两大类,静态水景赋予环境娴静淡泊之美,动态水景则赋予环境活泼灵动之美。

(一)静态水景

　　静态水景是指水的运动变化比较平缓,水面基本是静止的。水景所处的地平面一般无大的高差变化,因此能够形成镜面效果,产生丰富的倒影,这些倒影令人诗意盎然,易产生轻盈、幻象的视觉感受。除了自然形成的湖泊、江河、池塘以外,人工建造的水池是静态水景的主要表现方式(图4-63)。

　　水池形状有如同西方景观中的规则几何形,也有如同中国古典园林中的不规则自然形(图4-64)。池岸分

图 4-63　水在平静的地面上也可以创造出细微的景观层次感

土岸、石岸、混凝土岸等。在现代景观中,水池常结合喷泉、花坛、雕塑等景观小品布置,或放养观赏鱼,并配植水生植物如莎草、鸢尾、海芋等。

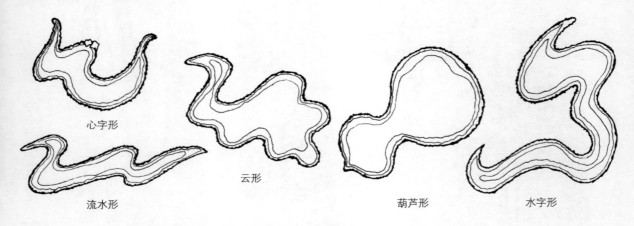

心字形

云形

流水形

葫芦形

水字形

图 4-64 中国古典园林中的水池形状

在现代小区景观中,水池常以游泳池的形式出现,池底铺以瓷砖或马赛克,多拼成图案,突出海洋主题,富有动感。

(二)动态水景

景观中的水体更多的是以动态水景的形式存在,如喷涌的喷泉、跌落的瀑布、潺潺而下的叠水等。动态水景因其美好的形态和声响,常能吸引人们的注意,因此它们所处的位置多是醒目或视线容易集中的地方,使其突出并成为视觉中心点。根据动态水景造型特点的不同,可分为以下几种。

1. 喷泉

喷泉是指具有一定压力的水从喷头中喷出所形成的景观。喷泉通常由水池(旱喷泉无明水池)、管道系统、喷头、动力(泵)等部分组成,如果是灯光喷泉还需有照明设备,音乐喷泉还需有音响设备等。喷泉的水姿多种多样,有球型、蘑菇型、冠型、喇叭花型、喷雾型等。喷水高度也有很大的差别,有的喷泉喷水高度达数十米,有的高度只有 10cm 左右。在公共景观中,喷泉常与雕塑、花坛结合布置来提高空间的艺术效果和趣味。

喷泉是现代水体景观设计中最常用的一种装饰手法。除了艺术设计上的考虑外,喷泉对城市环境具有多重价值,不仅能湿润周围的空气,清除尘埃,而且由于喷泉喷射出的细小水珠与空气分子撞击,能产生大量对人体有益的负氧离子。随着城市环境的现代化,喷泉越来越受到人们的喜爱,喷泉技术也在不断发展,出现了各种各样的形式,其中最常见的喷泉形式有以下几种。

(1)水池喷泉:这是最常见的形式,除了应具备喷泉应有的设备外,常常还有灯光设计的要求。喷泉停喷时就是一个静水池(图 4-65)。

(2)旱池喷泉:喷头等隐于地下,其设计初衷是希望公众参与,常见于广场、游乐场、住宅小区内(图 4-66)。喷泉停喷时,是场中一块微凹的地面。旱池喷泉最富有生活气息,但缺点是水质容易污染。

(3)盆景喷泉(图 4-67):主要用作家庭、公共场所的摆设。这种小喷泉在于更多地表现高科技成果,如喷射形成雾状的朦胧艺术效果。

(4)自然喷泉:喷头置于自然水体中,如济南大明湖、南京莫愁湖等,这种喷泉的喷水高度可达几十米(图 4-68)。

一般情况下,喷泉的位置多设于广场的轴线焦点或端点处,喷泉的主题形式要与周围环境相协调。例如,适合参与和有管理条件的地方,可使用旱地喷泉;只适于观赏的要采用水池喷泉;自然式景观中,与山石、植物的组合可采用浅池喷泉。

🎡 图 4-65　水池喷泉

🎡 图 4-66　旱池喷泉

🎡 图 4-67　盆景喷泉

🎡 图 4-68　瑞士日内瓦湖的大喷泉——世界最大喷泉之一

2．瀑布

这里的瀑布是指人工模拟自然的瀑布,指较大流量的水从假山悬崖处流下所形成的景观(图 4-69)。瀑布通常由五部分组成,即上流(水源)、落水口、瀑身、瀑潭和下流(出水)。瀑布常出现在自然式景观中。瀑布按其跌落形式可分为丝带式瀑布、幕布式瀑布、阶梯式瀑布(图 4-70)、滑落式瀑布等;按其瀑身形状可分为线瀑、布瀑、柱瀑三种。

瀑布的设计要遵循"作假成真"的原则,整条瀑布的循环规模要与循环设备和过滤装置的容量相匹配。瀑布是体现景观中水之源泉的最好办法,它可以演绎出从宁静到宏伟的不同气势,令观赏者心旷神怡。

3．壁泉

壁泉是指从墙壁或池壁处落下的水。壁泉的出水口一般做重点处理(图 4-71)。

4．叠水

叠水严格地说应该属于瀑布的范畴,但因其在现代景观中

🎡 图 4-69　公园里的人工瀑布

🎲 图 4-70　阶梯式人工瀑布

🎲 图 4-71　壁泉造型

应用广泛，多用现代设计手法表现，体现了较强的人工性，故单独列为一类。

　　叠水是呈阶梯状连续落下的水体景观，有时也称跌水，水层层重叠而下，形成壮观的水帘效果，加上因运动和撞击形成美妙的声响，令欣赏者叹为观止（图4-72）。叠水常用于广场、居住小区等景观空间，有时与喷泉相结合。叠水因地面造型不同而呈现出变化丰富的流水效果，常见的有阶梯式和组合式两种（图4-73）。

图 4-72　叠水景观

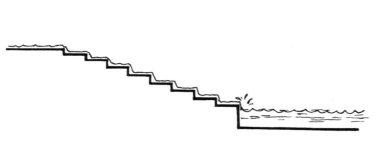
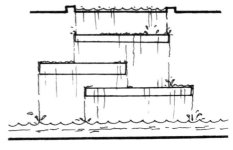

阶梯式　　　　　　　　　　　　　　　　　　　组合式

图 4-73　叠水的常见形式

5．溪涧

溪涧是指景观绿地中自然曲折的水流，急流为涧，缓流为溪。溪涧常依绿地地形地势而变化，且多与假山叠石、水池相结合（图 4-74 和图 4-75）。

二、水景设计的要点

进行水景设计时要注意以下几点。

（1）水景形式要与空间环境相适合。比如音乐喷泉一般适用于广场等集会场所，喷泉与广场不但能融为一体，而且它以音乐、水形、灯光的有机组合来给人以视觉和听觉上美的享受；而居住区的楼宇间更适合设计溪流环绕，以体现静谧悠然的氛围，给人以平缓、松弛的视觉享受，从而营造出宜人的生活休息空间。

🌀 图 4-74　溪涧与雕塑相结合　　　　　　　🌀 图 4-75　上海延中绿地溪涧

（2）水景的表现风格是选用自然式还是规则式，应与整个景观规划相一致，有一个统一的构思。

（3）水景的设计应尽量利用地表径流或采用循环装置，以便节约能源和水源，重复使用。

（4）要明确水景的功能，是为观赏还是为嬉水，或者仅是为水生植物和动物提供生存环境的。如果是嬉水型的水景要考虑到安全问题，水的深度不宜太深，以免造成危险，必须深水的地方则要设计相应的防护措施；如果是为水生植物和动物提供生存环境的水景，则需要安装过滤装置等设备来保证水质。

（5）水景设计时注意结合照明，特别是动态水景的照明往往使效果更好。

三、水景的表现

在绘制景观平面图时，水景的表现是一个难点，常见的水面表示方法有以下几种。

（一）水面直接表现法

1. 线条法

用工具或徒手排列的平行线条表示水面的方法称线条法。作图时，既可将整个水面全部画满，也可局部留有空白，或者只局部画些线条。组织良好的线条能表现出水面的波动感（图 4-76）。

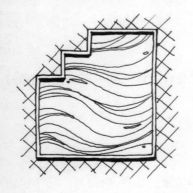

🌀 图 4-76　线条法

2. 等深线法

在靠近岸线的水面中依岸线的曲折作两三条闭合曲线，这些闭合曲线称为等深线。这种方法常用于形状不规则的水面（图4-77）。

3. 渲染法

用水彩或墨水分层平涂表示水面的方法称为渲染法。先用淡铅作水面的等深线稿线（等深线之间的间距应比等深线法宽些），然后再从浅到深一层层地渲染，离岸较远的水面颜色较深（图4-78）。

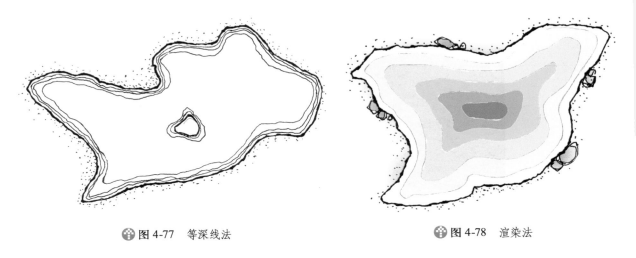

🌐 图4-77　等深线法　　　　　　　　　　　🌐 图4-78　渲染法

（二）水面间接表现法

水面间接表现手法是指利用与水面有关的一些内容表示水面的方法，也称点景法。与水面有关的内容包括一些水生植物（如荷花、睡莲、海芋等），水上活动工具（湖中船只、游艇等），码头和驳岸以及露出水面的石块等（图4-79）。

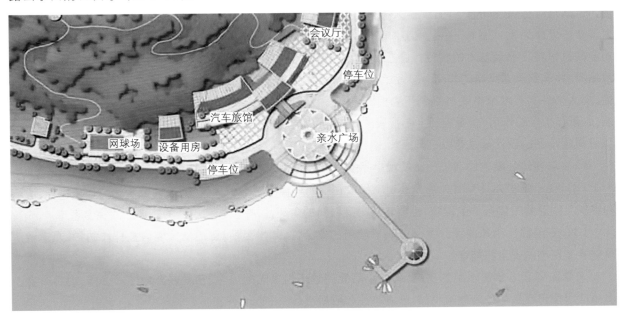

🌐 图4-79　利用水上活动工具表示水面的方法

第四节　景观小品设计

小品原指简短的杂文或其他短小的艺术表现形式，突出的特点是短小精致。把小品的概念引入景观艺术设计中来，就有了景观小品的定义。它是指那些体量小巧、功能简单、造型别致、富有情趣、内容丰富的精美构筑物，如轻盈典雅的小亭、舒适趣味的座椅、简洁新颖的指示牌、方便灵巧的园灯，还有溪涧上自然情趣的汀步等。景观小品是设计师经过艺术构思、创作设计并建造出来的环境景物,它们既有功能上的要求,又有造型和空间组合上的美感要求,作为造景素材的一部分,它们是景观环境中具有较高观赏价值和艺术个性的小型景观(图4-80)。

🎬 **图4-80　景观小品——雕塑**

景观小品有两个特性:功能性和艺术性。①功能性。这是指大多数小品都有实际作用,可直接满足人们的生活需要。如亭子、花架、座椅可供人们休息、纳凉、赏景使用;儿童游乐设施可供儿童游乐、玩耍使用;园灯可提供夜间照明,方便游人行走;公用电话亭提供了通信的方便;小桥和汀步连通两岸,使游人漫步于溪水之上;还有一些宣传廊、宣传牌和历史名人雕塑等则具有科普宣传教育和历史纪念功能。功能性是景观小品最基本的特性。②艺术性。这是指小品的造型设计要新颖独特,能提高整个环境的艺术品质,并起到画龙点睛的作用。小品的使用有两种情况,一种情况是作为某一景物或建筑环境的附属设施,那么小品的艺术风格要与整个环境相协调,巧为烘托,相得益彰;另一种情况是在局部环境中起到主景、点景和构景的作用,有着控制全园视景的功能,并结合其他景观要素,创造出丰富多彩的景观内容。

景观小品的设计要注意以下几点。

(1)与整体环境的协调统一。景观小品的设计和布置要与整体环境协调统一,在统一中求变化。

(2)便于维护并具有耐久性。景观小品放在室外环境中属于公用设施,因此要考虑到便于管理、清洁和维护。同时受气候条件的影响,也要考虑小品材料的耐久性,在色彩和质感的处理上要综合考虑。

(3)安全性。小品的设计要保证人们使用的安全性,如水上桥、廊的使用要有栏杆作防护,儿童游乐设施要有足够的安全措施等。

随着人们艺术欣赏水平的提高,景观小品受到越来越多人的关注,它发展至今形式多样、内容丰富。小品按照使用性质可分为建筑小品、设施小品和雕塑小品。

一、建筑小品

建筑小品是指环境中具有建筑性质的景观小品,包括亭子、廊、水榭、景墙、门窗洞、花架、山石、汀步、步石等。这些小品体量一般较大,形象优美,常常成为景观中的视觉焦点和构图中心,并且通过其独特的造型极易体现景观的风格与特色。

(一)亭子

亭子是供人休息、赏景的小品性建筑,一般由台基、柱身和屋顶三部分组成,通常四面通透,玲珑轻巧。亭子常设在山巅、林荫、花丛、水际、岛上以及游园道路的两侧,以其玲珑典雅、秀丽多姿的形象与其他景观要素相结合,构成一幅幅优美生动的风景画。在现代景观中,按照亭子建造材料的不同,分有木亭、石亭、砖亭、茅亭、竹亭、砼(混凝土)亭、铜亭等;按照风格形式不同,可分为仿古式和现代式。

1. 仿古式

仿古式是指模仿中国古典园林和西方古典园林中的亭子造型(图4-81和图4-82)。中式风格的亭子常用于自然式景观中,西式风格的亭子常用于规则式景观中。

图 4-81　中国古典园林中的亭子

图 4-82　西方古典园林中的亭子

亭子在中国园林中是主要的点景物,并且是运用得最多的一种建筑形式,按平面形式可分为正三角形亭、正方亭、长方亭、正六角亭、正八角亭、圆亭、扇形亭、组合亭等。亭子位置的选择,一方面是为了观景,即供游人驻足休息,眺望景色;另一方面是为了点景,即点缀风景。因此,亭子的选址归纳起来有山上建亭、临水建亭、平地建亭三种。

在西方,亭子的概念与中国大同小异,是在花园或游乐场上一种简单而开敞、带有屋顶的永久性小建筑。西方古典园林中的亭子沿袭了古希腊、古罗马的建筑传统,平面多为圆形、多角形、多瓣形;立面的基座、亭身和檐部按古典柱式做法,有的也采用拱券;屋顶多为穹顶,也有锥形顶或平顶。古典园林中的亭子采用的是砖石结构体系,造型敦实、厚重,体量也较大。在现代小区景观设计中,经常有模仿西方古典亭子的做法,只是亭子材料换成了混凝土。

2. 现代式

在现代景观中,亭子的造型被赋予了更多的现代设计元素,加上建筑装饰材料层出不穷,亭子形式多种多样、变化丰富(图4-83)。如今,亭子的设计更着重于创造,用新材料、新技术来表现古代亭子的意象是当今用得更多的一种设计手法,如用卡普隆阳光板和玻璃代替传统的瓦,亭子采用悬索或张拉膜结构等(图4-84～图4-87)。

亭子的表现形式丰富,应用广泛,在设计时要注意以下几点。

(1)必须按照景观规划的整体意图来布置亭子的位置,局部服从整体,这是首要的。

(2)亭子体量与造型的选择要与周围环境相协调:如小环境中,亭子不宜过大;周围环境平淡单一时,亭子造型可复杂些,反之则应简洁。

(3)亭子材料的选择提倡就地取材,不仅加工便利,又易于配合自然。

🌐 **图4-83** 形式多样的现代亭子

🌐 **图4-84** 通过对结构进行旋转并截取其中六种状态
来构建亭子的结构框架

🌐 **图4-85** 钢木结构的景观亭体现了一种秩序和韵律美

（二）廊

自然式景观中的廊是指屋檐下的过道或独立有顶的通道，它是联系不同景观空间的一种通道式建筑。从造型上看，廊由基础、柱身和屋顶三部分组成，通常两侧通透、灵活轻巧，与亭子很相似，但不同的是，廊较窄，高度也较亭子矮，属于纵向景观空间，在景观布局上呈"线"状，而亭子呈"点"状。廊的类型很多，按其平面形式可分为直廊、曲廊（图4-88）、回廊；按内部空间形式可分为双面廊、单面廊（图4-89）、复廊、暖廊、单支柱廊等。

图 4-86　德国某公园采用碳纤维和玻璃纤维缠绕
　　　　的方法设计的仿生亭

图 4-87　张拉膜结构的亭子现代感十足

图 4-88　留园曲廊

图 4-89　留园单面廊

　　廊不仅具有遮风避雨、交通联系的实用功能,而且对景观内容的展开和观赏程序的层次起着重要的组织作用。廊的位置经营通常有临水建廊、平地建廊、山地建廊。

1.临水建廊

　　在水边或水上建的廊也称水廊。位于水边的廊,廊基一般紧贴水面,造成临水之势,在水岸曲折自然的情况下,廊大多沿水边呈自由式格局,顺自然之势与环境相融合。凌驾于水面之上的廊,廊基实际就是桥,所以也叫桥廊。桥廊的底板尽可能贴近水面,使人宛若置身于水中,加上桥廊横跨水面形成的倒影,别具韵味(图4-90)。

图 4-90 苏州拙政园临水建廊

2. 平地建廊

在地形平坦的公共景园中,常沿墙或附属于建筑物以"占边"的形式布置廊,形制上有一面、二面、三面、四面建廊,这样可通过廊、墙、房等建筑物围绕形成空间较大、具有向心特征的庭院景观(图 4-91)。

3. 山地建廊

公园和风景区中常有山坡或高地,为了便于人们登山休息、观景,或者为了联系山坡上下不同高差的景观建筑,常在山道上建爬山廊。爬山廊依山势变化而上,有斜坡式和层层叠落的阶梯式两种。

(三)水榭

水榭是供游人休息、观赏风景的临水建筑小品。中国古典园林中,水榭的基本形式是:在水边架起一个平台,平台一半伸入水中,一半架在岸上;平台四周围绕着低矮的栏杆,或设美人靠供人们坐憩观景;平台上建起一个木构的单体建筑,建筑平面通常为长方形,其临水一面开敞通透(图 4-92)。在现代公共景观中,水榭仍保留着传统的功能和特征,是极富景观特色的建筑小品,只是受现代设计思潮的影响,还有新材料、新技术、新结构的发展。水榭的造型形式有了很大变化,更为丰富多样(图 4-93)。

图 4-91 张拉膜材料赋予"廊"现代面孔   图 4-92 网师园水榭

（四）景墙

景墙在庭院景观中一般指围墙和照壁，它首先起到分隔空间、衬托和遮蔽景物的作用，其次有丰富景观空间层次、引导游览路线等功能，是景园空间构图的重要手段。

景墙按墙垣分有平墙、梯形墙（沿山坡向上）、波形墙（云墙）（图4-94）；按材料和构造不同可分为白粉墙、磨砖墙、版筑墙、乱石墙、清水墙、马赛克墙、篱墙、铁栏杆墙等。不同质地和色彩的墙体会产生截然不同的造景效果。白粉墙是中国园林使用最多的一种景墙，它朴实典雅，同青砖、青瓦的檐头装修相配，显得特别清爽、明快，在白粉墙前常衬托山石花木，犹如在白纸上绘出山水花卉，韵味十足。现代景墙的表现材料和施工方法更加多样化，在景观中可塑造出别致的装饰画景（图4-95）。

🌐 图4-93　水榭的现代表现形式

🌐 图4-94　江枫园的云墙

🌐 图4-95　现代景墙

景墙的设置多与地形相结合，平坦的地形多建成平墙，坡地或山地则就势建成梯形墙。为了避免单调，有的建成波浪形的云墙。

（五）门窗洞

中国园林的景墙常设门窗洞，门窗洞形式的选择，首先要从寓意出发，同时考虑到建筑的式样、山石以及环境绿化的配置等因素，务求形式和谐统一。

1. 门洞

门洞的作用除了交通和通风外，还可使两个相互分隔的空间取得联系和渗透，同时自身又成为景观中的装饰亮点。门洞是创造景园框景的一个重要手段,门洞就是景框,从不同的视景空间、视景角度可以获得许多生动优美的风景画面(图4-96)。

🌐 **图4-96 门洞的框景效果**

门洞的形式大体上可分成以下三类(图4-97)。

(1)曲线型门洞。门洞的边框线是曲线型的,这是我国古典园林中常用的形式。常见的有圈门、月门、汉瓶门、葫芦门、海棠门、剑环门、如意门、贝叶门等。

(2)直线型门洞。门洞的边框线是直线型的,如方门、六方门、八方门、长八方门,以及其他模式化的多边形门洞等。

(3)混合式门洞。门洞的边框线有直线也有曲线。通常以直线为主,在转折部位加入曲线段进行连接,或将某些直线变成曲线。

曲线型门洞   直线型门洞   混合式门洞

🌐 **图4-97 门洞的形式**

2. 窗洞

窗洞也具有框景和对景的功能,使分隔的空间具有联系和渗透。与门洞相比,没有交通功能的限制,所以在形式上更加丰富多样,创造出优美多姿的景观画面。常见的窗洞形式有月窗、椭圆窗、方窗(图4-98)、六方窗、八方窗、瓶窗、海棠窗、扇窗、如意窗等。

3. 花窗

花窗是景观中的重要装饰小品。它与窗洞不同,窗洞的主要作用是框景,除了一定形状外,窗洞自身没有景象内容;而花窗自身有景,花窗玲珑剔透,窗外风景亦隐约可见,增加了庭院景观的含蓄效果和空间的深邃感。在阳光的照射下,花窗的花格与镂空的部分会产生强烈的明与暗、黑与白的对比关系,使花格图案更加醒目、立体。现代花窗多以砖瓦、金属、预制钢

🌐 **图4-98 方窗洞**

筋混凝土砌制,图案丰富、形式灵活。花窗大体上可分为几何花窗、主题花窗（花卉、鸟兽、山水等图案）、博古架花窗（图4-99）三类。

🌐 **图4-99　几何花窗与主题花窗**

（六）花架

　　花架是用以支撑攀缘植物藤蔓的一种棚架式建筑小品,人们可以用它来遮阴避暑,因为所用的攀缘植物多为观花蔓木,故被称为花架。花架是现代景观中运用得最多的建筑小品之一,它由基础、柱身、梁枋三部分组成,顶部只有梁枋结构,没有屋顶覆盖,可以透视天空,这样一方面便于通风透气,另一方面植物的花朵果实垂下来可供人观赏。因此,花架的造型比亭、廊、榭等建筑小品更为空透、轻盈。

1. 花架的形式

　　花架的造型形式灵活多变,概括起来有梁架式花架、墙柱式花架、单排柱花架、单柱式花架和圆形花架几种,图4-100列出了部分形式。

单排柱花架

单柱式花架

梁架式花架

🌐 **图4-100　花架的形式**

（1）梁架式花架

梁架式花架是景观中最常见的花架形式，一般有两排列柱，通常呈直线、折线或曲线布局，也称廊架式花架。这种花架是先立柱，然后沿柱子排列的方向布置梁，在两排梁上垂直于列柱的方向架铺间距较小的枋，枋的两端向外挑出悬臂，我们所熟悉的葡萄架就是这种形式的花架。花架下，沿列柱方向结合柱子，常设两排条形坐凳，供人休息、赏景。

（2）墙柱式花架

墙柱式花架是一种半边为墙，半边为列柱的花架形式。这类花架的列柱沿墙的方向平行布置，柱上架梁，在墙顶和梁上再叠架小枋。这种形式的花架在划分封闭和开敞空间上更为自由，能形成灰空间，造景趣味类似半边廊。花架的侧墙一般不做成实体，常开设窗洞、花窗或隔断，使空间隔而不断、相互渗透，意境更为含蓄。

（3）单排柱花架

只有一排柱子的花架称为单排柱花架。这类花架的柱顶只有一排梁，梁上架设较梁架式花架还要短小的枋，枋左右伸出，成悬臂状。一般枋的左右两侧伸出的部分长短不一，较长的悬臂一侧朝向主要景观空间。单排柱的花架仍保留着廊的造景特点，它在组织空间和疏导人流方面具有相同的作用，但在造型上却要轻盈自由得多。

（4）单柱式花架

只有一根柱子的花架称为单柱式花架，它很像一把伞的骨架。单柱式花架通常为圆形顶，柱子顶部没有梁，而是直接架设交叉放射状连体枋，枋上也可设环状连接件，把放射状布置的枋连接成网格状。在花架下面，通常围绕柱子设计环状坐凳，供人休息。单柱式花架体量较小、布置灵活。由于枋从中心向外放射，花架整体造型轻盈舒展，别具风韵。

（5）圆形花架

圆形花架是由五根以上柱子围合成圆形的花架形式。圆形花架很像一座园亭，只不过顶部是空透的网格状或放射状结构，并由攀缘植物的叶与蔓覆盖。花架的柱子顶部有圈梁，圈梁上按圆心放射状布置小枋，小枋通常外侧悬挑，整个顶部造型如花环般优美。圆形花架较单柱式花架私密性强，花架内常点状布置坐凳，或沿圈柱环形布置条凳。

2．花架的类型

花架按使用的材料和构造不同，可分为钢筋混凝土花架、竹木花架、砖石花架、钢花架。

（1）钢筋混凝土花架

钢筋混凝土花架是现代景观中使用得最多的一种花架类型，由钢筋、水泥、砂石等材料建造。通常先预制构件（柱、梁、枋等），然后再进行现场安装。这种花架坚固持久、施工简单，无须经常维护。这种花架多为白色，明亮的色彩与景观的花红叶绿形成强烈对比，效果明朗、醒目。

（2）竹木花架

竹木花架是由竹、木材料以传统的梁架方式建造的花架（图4-101）。这种花架自然、淳朴，易与花木取得协调统一，但缺点是易受风雨侵蚀，因此需经常维护。

（3）砖石花架

砖石花架是以砖或石块砌筑柱身，在柱上设水泥梁枋的花架。这种花架的砖柱或石柱往往不加粉饰，能够

🌸 **图 4-101 防腐木花架**

形成一种拙朴的自然美,如柱身用红砖砌筑,加上整齐的灰白色水泥砌缝,不但富于韵律美,而且配以绿叶藤蔓,具有一种质朴、怀旧的风格。

(4)钢花架

钢花架是由各种型钢材料建造的花架。钢花架颇具现代感,结构上更为轻巧耐用,只是造价较高,需经常保养,以防生锈(不锈钢除外),常见于一些高档小区的景观中。

3. 花架的设计要点

(1)亭式花架和廊式花架的空间布局

亭式花架常作为景观空间的主景或对景,因此常设置于视觉焦点处或景观构图的中心位置。廊式花架外观可呈直线、折线或曲线造型,还可作高低错落变化。这类花架常设置于景观绿地的边缘,或用来划分景观空间,位于绿地边缘时,应有较高的树木作背景,以衬托花架的造型和色彩。

(2)花架的设计要与其他小品相结合

花架内部要设置座椅供人休息、观景(图4-102),外部要设计一些叠石、小池、花坛等吸引游人的小景点。墙柱式花架的墙面要开设窗洞或花窗,以丰富墙面造型。

😊 图 4-102 深圳黄埔雅苑的花架内设置座椅供人休息

(3)花架柱与枋的设计

各种花架形式的处理重点是柱和枋的造型。钢筋混凝土花架和砖石花架的柱子以方形为主;钢花架的柱子以圆形为主;竹木花架的柱子方形和圆形都常见。有时通过强调分段来丰富柱身立面。现代景观中,花架的梁枋多是混凝土预制件,但在形式和断面大小上仍保留着木材的既有风格,即扁平的长条形,断面为矩形。枋头一般处理成逐渐收分,形成悬臂梁的典型式样,显得简洁、轻巧。如果枋较小,不做变化处理,直接水平伸出,显得简洁大方。钢花架的梁枋除了型钢外,有时也用木质枋搭配,以便丰富花架造型。

(4)花架植物的种植

花架需要植物来衬托,因此在设计时要留出攀缘植物的种植位置。亭式花架常在圆形坐凳与柱子之间留有空隙地,以便栽植攀缘植物;廊式花架的台基外侧若为硬质铺地,则应留有种植池或花台,以便种植攀缘植物。

（七）山石

1. 假山

假山是指用许多小块的山石堆叠而成的具有自然山形的景观建筑小品。假山的设计源于我国传统园林，叠山置石是中国传统造园手法的精华所在，堪称世界造景一绝（图4-103）。在现代景观中，常把假山作为人工瀑布的承载基体，并作为点景小品来处理。

现代景观中常见的假山多以石为主，常用的石类有太湖石类、黄石类、青石类、卵石类、剑石类、砂片石类和吸水石类。中国传统的选石标准是透、漏、瘦、皱、丑，而如今的选石范围则宽泛了许多，即所谓"遍山可取，是石堪堆"，根据现代叠山审美标准广开石路，各创特色。

🌀 **图4-103** 留园假山

假山的设计要注意：首先，山石的选用要与整个地形、地貌相协调。一座假山，不要多种类的山石混用，以免不易做到质、色、纹、体、姿的一致；其次，山石的造型崇尚自然、朴实无华，在整体造型时，既要符合自然规律，又要有高度的艺术概括，使之源于自然又高于自然。

2. 置石小品

置石小品是指景观中一至数块山石稍加堆叠或不加堆叠而零散布置所形成的山石景观。置石小品虽没有山的完整形态，但作为山的象征，常被用作景观绿地点景、添景、配景以及局部空间的主景等，点缀环境，丰富景观空间内容。根据置石方式的不同，可分为独置山石、聚置山石、散置山石。

（1）独置山石：是将一块观赏价值较高的山石单独布置成景。独石多为太湖石，常布置于局部空间的构图中心或视线焦点处（图4-104）。

（2）聚置山石：是将数块山石稍加堆叠或作近距离组合设置，形成具有一定艺术表现力的山石组合景观，常置于庭院角落、路边、草坪、花镜、水际等（图4-105）。组合时，要求石块大小不等，分布疏密有致、高低错落，切忌对称式或排列式布置。

🌀 **图4-104** 独置山石

🌀 **图4-105** 聚置山石

（3）散置山石：指用多块大小不等、形态各异的山石在较大范围内分散布置，用以表现绵延山意，常用于山坡、路旁或草坪上等（图4-106）。

（八）汀步

汀步是置于水中的步石,也称"跳桥",供人蹀步行走,通过水面,同时也起到分隔水面、丰富水面景观内容的作用（图4-107）。汀步活泼自然、富于情趣,常用于浅水河滩、平静水池、山林溪涧等地段,宽阔而较深的湖面上不宜设置汀步。

🌐 **图 4-106　散置山石**

🌐 **图 4-107　块石汀步**

1. 汀步的形式

汀步的材料常选用天然石材,或用混凝土预制或现浇。近年来,以汀步点缀水面有许多创新实例,汀步的布置有规则式和自由式两种,常见形式有:自然块石汀步、整形条石汀步、自由式几何形汀步、荷叶汀步、原木汀步等（图4-108）。汀步除平面形状变化外,在高差上也可变化,如荷叶汀步片片浮于水面上,造型大小不一,高低错落有致。游人跨越水面时,更增加了与水面的自然、亲切感（图4-109）。

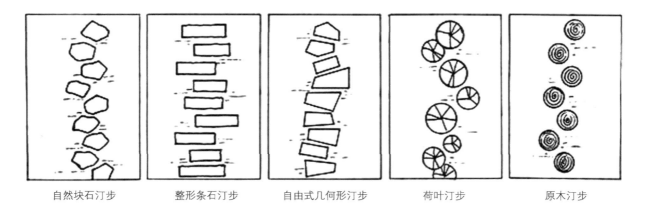

自然块石汀步　　　整形条石汀步　　　自由式几何形汀步　　　荷叶汀步　　　原木汀步

🌐 **图 4-108　汀步的常见形式**

2. 汀步的设计要点

(1) 汀步的石面应平整、坚硬、耐磨;汀步的基础应坚实、平稳,不能摇摇晃晃。

(2) 石块不宜过小,一般在40cm×40cm以上;石块间距不宜过大,通常在15cm左右;石面应高出水面6～10cm;石块的长边应与汀步前进方向垂直,以便产生稳定感。

(3) 水面较宽时,汀步的设置应曲折有变化。同时要考虑两人相对而行的情况,因此汀步应错开并增加石块数量,或增大石块面积。

（九）步石

步石是指布置在景观绿地中供人欣赏和行走的石块（图4-110）。步石既是一种小品景观，又是一种特殊的园路，具有轻松、活泼、自然的特性。步石按照材料不同，分为天然石材步石和混凝土块步石；按照石块形状不同，分为规则形和自然形。

步石的设计要点如下。

（1）步石的平面布局应结合绿地形式，或曲或直，或错落有致，且具有一定方向性。

（2）石块数量可多可少，少则一块，多则数十块，这要根据具体空间大小和造景特色而定。

（3）石块表面应较为平整，或中间微微凸起，若有凹隙则会造成积水，影响行走和安全。

（4）石块间距应符合常人脚步跨距要求，通常不大于60cm；步石设置宜低不宜高，通常高出草坪地面6～7cm，过高则会影响行走和安全。

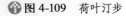
图 4-109　荷叶汀步

图 4-110　草坪中点缀步石

二、设施小品

设施小品是指为人们提供娱乐休闲、便利服务的小型景观小品，这些小品没有建筑小品那样大的体量和明确的视觉感，但能为人们提供方便，是人们游览观景时必不可少的设施。随着科技的发展，设施小品的构筑材料的选择余地更大，如使用各种不锈钢、铝塑板、彩塑钢、彩色塑料、各种大理石、花岗岩及各种贴面砖等，这也给了景观设计师较大的发挥空间。设施小品的表现风格多样，或自然，或典雅，或现代，或另类，通过其鲜艳的色彩、奇特的造型、明确的视觉吸引力点缀在景观环境中，具有画龙点睛的效果，也成为一个越来越重要的视觉构景要素。

设施小品大致可分为两大类：休闲娱乐设施小品和服务设施小品，前者包括桌、椅、凳、儿童游乐设施等，后者包括园灯、电话亭、垃圾箱、指示牌、宣传栏、邮筒等（图4-111）。

（一）桌、椅、凳

公共景观中常设置一些桌、椅、凳供人们休息、看书、棋牌娱乐等用，也可以点缀风景（图4-112）。在景观绿地的边缘，安置造型别致的椅、凳，会令空间更为生动亲切；在丛林中巧置一组树桩形的圆桌与坐凳，或设置一组天然景石桌、凳，会使人顿觉林间生机盎然，幽静舒爽；在大树浓荫下设置两组石桌、凳，会使本无组织的自然空间变为有意境的景观空间。

桌、椅、凳的布置多在景观中有特色的地段，如湖畔、池边、岸边、岩旁、洞口、林下、花间、台前、草坪边缘、布道两侧、广场之中,还有一些零星散地也可设置几组椅、凳加以点缀。

桌、椅、凳的类型很多,根据材料不同,可分为木制、石制、陶瓷制、混凝土预制;根据造型特点不同,可分为条形椅凳、环形或弧形椅凳、树桩形桌凳、仿古形桌凳、天然形石桌石凳等。此外,还可结合景观中的花台、花坛、矮护栏、矮墙等做成各种各样的坐凳等。

桌、椅、凳的造型和材质的选择要与周围环境相协调,如中式亭子内摆一组陶凳,古色古香;大树浓荫下放置一组树桩形桌凳,自然古朴;城市广场中几何形绿地旁的座椅则要设计得精巧细腻、现代前卫(图4-113)。桌、椅、凳的设计要尺度适宜,其高度应便于大众的使用,如凳高45cm左右,桌高70~80cm,儿童活动场所的桌椅凳尺度应符合儿童身高。

图4-111　珠海海滨公园设施小品

图4-112　庭院中的石制园桌椅　　　　　　图4-113　广场中的座椅

（二）灯

灯是景观中具有照明功能的设施小品。白天,园灯可点缀环境,其新颖的造型往往成为视觉亮点;夜间,园灯为人们休闲娱乐提供照明条件,并具有美化夜间景色的作用,使之呈现出与白天自然光照下完全不同的视觉效果,从而丰富景观的欣赏性(图4-114)。园灯造型多样,高矮不一,按使用功能的不同大致可分为三类。

1. 引导性的灯

引导性的灯是指能起到让人们循着灯光游览景观作用的灯。它纯属引导性的照明用灯,常设置于道路两侧或草坪边缘等地,有些灯具可埋入地下,因此也常设于道路中央。引导性的灯的布置要注意灯具与灯具之间的呼应关系,以便形成连续的“灯带”,创造出一种韵律美。

2. 大面积照明灯

用于某一大环境的夜间照明,起到勾画景观轮廓、丰富夜间景色的作用,这样人们借助灯光可以欣赏到不同于白天的景色。此类灯常设置于广场、花坛、水池、草坪等处(图4-115)。

3. 特色照明灯

特色照明灯用于装饰照明,因此不要求有很高的照明度,而在于制造某种特定的气氛,点缀景观环境(图4-116)。

🌐 图4-114　居住小区的夜间景色

🌐 图4-115　英国伦敦芬斯伯里林荫广场夜间灯光照明

🌐 图4-116　万科南山小城庭院的装饰照明

在真正实际运用中,每类灯的功能不是单一的,它可能兼顾多种用途,而且在设计中根据具体情况可使用多种类型的照明方式。灯的造型、尺度的选择要根据环境情况而定。总地说来,作为一种室外灯,多用作远距离观赏,因此灯具的造型宜简洁质朴,避免过于纤细或过多烦琐的装饰。在某些灯光场景设计中往往将灯隐藏,只欣赏其灯光效果,为的是产生一种令人意想不到的新奇感。

三、雕塑小品

雕塑是根据不同的题材内容进行雕刻、塑造出来的立体艺术形象,分为圆雕和浮雕两大类。景观中雕塑小品多为圆雕,即多面观赏的立体艺术造型(图4-117)。浮雕是在某一材料或构筑物平面上雕刻出的凸起形象,我国传统浮雕艺术精湛,留下很多宝贵作品（图4-118）,现代居住小区的墙面上也常见浮雕的艺术手法。

图4-117 人物圆雕

图4-118 北海公园九龙壁

　　雕塑是一种具有强烈感染力的造型艺术,它们源于生活,却赋予人们比生活本身更完美的欣赏和趣味,它能美化人们的心灵,陶冶人们的情操。古今中外,优秀的景观都成功地融合了雕塑艺术的成就。我国古典园林中,那些石龟、铜牛、铜鹤的配置,具有极高的欣赏价值;西方的古典景观更是离不开雕塑艺术,尽管配置得比较庄重、严谨,但也创造出浓郁的艺术情调。现代景观中的雕塑艺术,表现手段更加丰富,可自然、可抽象,表现题材也更加广泛,可严肃、可浪漫,这要根据造景的性质、环境、条件而定。

　　雕塑按材料不同,可分为石雕、木雕、混凝土雕塑、金属雕塑、玻璃钢雕塑等,不同材料具有不同的质感和造型效果,如石雕、木雕、混凝土雕塑朴实、素雅;金属雕塑不仅色泽明快,而且造型精巧,富于现代感。

　　雕塑按表现题材内容不同,可分为人物雕塑、动物雕塑、植物雕塑、山石雕塑、几何体雕塑、抽象形体雕塑、历史神化传说故事雕塑和特殊环境下的冰雪雕塑。人物雕塑一般是以纪念性人物和情趣性人物为题材,如科学家、艺术家、思想家或普通人的生活造型（图4-119）;动物雕塑多选择象征吉祥或为人们所喜爱的动物形象,如大象、鹿、羊、天鹅、鹤、鲤鱼等;植物雕塑有树桩、树木枝干、仙人掌、蘑菇等;抽象形体雕塑寓意深奥,让人循题追思不无逸趣;几何体雕塑以其简洁抽象的形体给人以美的艺术享受。

　　雕塑小品的设计要点如下。

　　（1）雕塑小品的题材应与景观的空间环境相协调,使之成为环境中的一个有机组成部分。如林缘草坪上可设置大象、鹿等动物,水中、水际可选用天鹅、鹤、鱼等雕塑（图4-120）,广场和道路休息绿地可选用人物、几何

图4-119 人物雕塑

体、抽象形体雕塑等。

（2）雕塑小品的存在有其特定的空间环境、特定的观赏角度和方位。因此，决定雕塑的位置、尺度、色彩、形态、质感时必须从整体出发，研究各方面的背景关系，决不能只孤立地研究雕塑本身。雕塑的大小、高低更应从建筑学的垂直视角和水平视野的舒适程度加以推敲。其造型处理甚至还要研究它的方位朝向以及一天内太阳起落的光影变化。

（3）雕塑基座的处理应根据雕塑的题材和它们所处的环境来定，可高可低，可有可无，甚至可直接放在草丛和水中。现代城市景观的设计十分重视环境的人性化和亲切感，雕塑的设计也应采用接近人的尺度，在空间中与人在同一水平上，可观赏、可触摸、可游戏，从而增强人的参与感。

图 4-120　水边雕塑

第五章　景观设计的类型

第一节　城市公园

　　城市公园是以绿化为主,具有较大规模和比较完善设施的可供城市居民休息、游览之用的城市公共活动空间。城市公园属于城市景观绿地系统中的一个重要组成部分,由政府或公共团体建设经营,供市民游憩、观赏、娱乐,同时是人们进行体育锻炼、科普教育的场地,具有改善城市生态、美化环境的作用。公园一般以绿地为主,常有大片树林,因此又被誉为"城市绿肺"。1858年,"现代景观设计之父"奥姆斯特德和他的助手沃克斯合作设计了纽约中央公园(图5-1),开启了现代城市公园设计的先河,此后,世界各地出现了很多不同类型的公园,极大丰富了城市空间环境。

一、公园的分类

　　按照公园功能内容的不同可分为综合性公园和主题性公园。

(一)综合性公园

　　综合性公园是指设施齐全、功能复杂的景园,一般有明确的功能分区,一个大园可以包括几个小园,武汉市中山公园就属于此类(图5-2)。

🌐 图5-1　美国纽约中央公园全景

🌐 图5-2　武汉市中山公园已成为市民休闲纳凉的好去处

（二）主题性公园

主题性公园是以某一项内容为主或服务于特定对象的专业性较强的景园,比如动物园、植物园、儿童公园、体育公园、森林公园等（图5-3）。

二、公园设计的要点

（一）布局要结合实际

公园的布局形式有规则式、自然式、混合式三种。规则式严谨,强调几何秩序;自然式随意,强调山水意境;混合式现代,强调景致丰富。无论选择哪种布局形式,都要结合公园自身的地形情况、环境条件和主题项目而定。

（二）功能分区合理

公园面向大众,人们的活动和使用要求是公园设计的主要目的,因此公园的功能分区要合理、明确。特别对于综合性公园,常分有文化娱乐区、安静休息区、儿童活动区（图5-4）。

（三）附属设施要完善

无论何种类型的公园,在设计时均要注意附属设施的完善,以方便游客。这些设施包括餐厅、小商店、厕所、电话亭、垃圾箱、休息椅、公共标识等。

图5-3　武汉植物园的郁金香

图5-4　公园的游乐设施

第二节　城　市　街　道

城市街道是城市的构成骨架,属于线性空间,它将城市划分为大大小小的若干块地,并将建筑、广场、湖泊等节点空间串联起来、构成整个城市景观（图5-5）。人们对街道的感知不仅来源于路面本身,还包括街道两侧的建筑、成行的行道树、广场景色及广告牌、立交桥等,这一系列事物共同作用,形成了街道的整体形象。街道景观质量的优劣对人们的精神文明有很大影响:对于城市居民来说,街道景观质量的提高可以增强他们的自豪感和凝聚力;对于外地的旅游者和当地居民来说,街道景观就代表整个城市给他们的印象。

城市街道绿化设计是城市街道设计的核心,良好的绿化构成简洁、大方、鲜明、自然、开放的景观,除了美化环境外,还可调节道路附近地区的湿度,吸附尘埃,降低风速,减少噪声,在一定程度上可改善周围环境的小气候。街道绿化是城市景观绿化的重要组成部分（图5-6）。

图5-5 城市街道　　　　　　　　　　图5-6 城市街道的绿化

一、街道绿化设计的形式

街道绿化设计形式有规则式、自然式和混合式三种,要根据街道环境特色来选用（图5-7）。

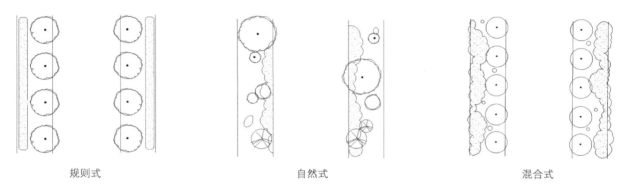

规则式　　　　　　　　　　自然式　　　　　　　　　　混合式

图5-7 街道绿化设计形式

（一）规则式

规则式的变化通过树种搭配、前后层次的处理、单株和丛植的交替种植来产生,一般变化幅度较小,节奏感较强。

（二）自然式

自然式适用于人行道及绿地较宽时,较为活泼,变化丰富。

（三）混合式

混合式是规则式和自然式相结合而产生的形式。有两种布置方式：一种是靠近道路边列植行道树,行道树后或树下自然布置低矮灌木和花卉地被；另一种是靠近道路处布置自然式树丛、花丛等,而远离道路处采用规则的行列式种植（图5-8）。

图5-8 混合式的绿化设计

二、街道绿化设计的要点

（1）按照《城市道路绿化规划设计规范》的规定,街道绿化占道路总宽的比例为20%～40%。

（2）绿化地种植不得妨碍行人和车行的视线,特别是在交叉路口视距三角形范围内不能布置高度大于0.7m的绿化丛。

（3）街道绿化设计同其他绿地一样也要遵循统一、调和、均衡、节奏和韵律、尺度和比例五大原则。在植物的配置上要体现多样化和个性化相结合的美学思想。

（4）植物的选择要根据道路的功能、走向、沿街建筑特点及当地气候、风向等条件综合考虑,因地制宜地将乔木、灌木、草皮、花卉组合成各种形式的绿化。

（5）行道树种的选择,要求形态美观,耐修剪,适应性和抗污染力强,病虫害少,没有或较少产生污染环境的落花、落果等。

（6）道路休息绿地是城市道路旁供人短时间游憩的小块绿地,它可增添城市绿地面积,补充城市绿地不足,是附近居民休息和活动的场所（图5-9）。因此,道路休息绿地应以植物种植为主,乔、灌木和花卉相互搭配。此外,还应提供休息设施,如座椅、宣传廊、亭廊、花架等。街道设施小品和雕塑小品应当摆脱陈旧的观念,强调形式美观、功能多样,设计思想要体现自然、有趣、活泼、轻松,例如,大胆地将电话亭、座椅和标示牌艺术化等。

图5-9　武汉光谷街头绿地

第三节　城市广场

城市广场是城市道路交通体系中具有多种功能的开敞空间,它是城市居民交流活动的场所,是城市环境的重要组成部分。城市广场在城市格局中是与道路相连接较为空旷的部分,一般规模较大,由多种软硬质景观构成,采用步行交通手段,满足多种社会生活的需求。广场在城市空间环境中最具公共性、开放性、永久性和艺术性,它体现了一个城市的风貌和文明程度,因此又被誉为"城市客厅"。城市广场的主要职能除了提供公众活动的开敞空间外,还有增强市民凝聚力,展示城市形象面貌,体现政府政绩和业绩的作用。

一、广场的分类

城市广场按照其性质、功能和在城市交通道网中所处的位置及附属建筑物的特征,可分为以下几类。

（一）集会性广场

如政治广场、市政广场等就属于集会性广场。这类广场是用于政治集会、庆典、游行、检阅、礼仪、传统民间节日活动的广场,它们有强烈的城市标志作用,往往安排在城市中心地带。此类广场的特点是面积较大,多以规则整形为主,交通方便,场内绿地较少,仅沿周边种植绿化。最为典型的集会性广场有北京天安门广场、上海人民广场等。

（二）交通广场

交通广场是指有数条交通干道的较大型的交叉口广场,如环形交叉口、桥头广场等。这类广场是城市交通系统的重要组成部分,大多安排在城市交通复杂的地段,与城市主要街道相连。交通广场的主要功能是组织交通,也有装饰街景的作用。在绿化设计上,应考虑到交通安全因素,某些地方不能密植高大乔木,以免阻碍驾驶员的视线,因此多以矮生植物作点缀（图5-10）。

（三）娱乐休闲广场

在城市中娱乐休闲广场的数量最多，主要是为市民提供一个良好的户外活动空间，满足节假日的休闲、娱乐、交往的要求。这类广场一般布置在城市商业区、居住区周围，多与公共绿化用地相结合。广场的设计既要保证开敞性，也要有一定的私密性。在地面铺装、绿化、景观小品的设计上，不但要丰富趣味，还要能体现所在城市的文化特色。

（四）商业广场

商业广场是指用于集市贸易、展销购物的广场，一般布置在商业中心区或大型商业建筑附近，可连接邻近的商场和市场，使商业活动区趋于集中（图5-11）。随着城市重要商业区和商业街的大型化、综合化、步行化的发展，商业广场的作用还体现在能提供一个相对安静的休息场所，因此它应具备广场和绿地的双重特征，并有完善的休息设施。

🌀 图 5-10　某城市交通广场

🌀 图 5-11　纽约时代广场

（五）纪念广场

纪念广场是用于纪念某些人物或事件的广场，可以布置各种纪念性建筑物、纪念碑和纪念雕塑等。纪念广场应结合城市历史，与城市中有重大象征意义的纪念物配套设置，便于瞻仰。

二、广场的空间形式

广场的空间形式很多，按平面形状可分为规则形广场和不规则形广场；按围合程度可分为封闭式广场、半封闭式广场和开敞式广场；按建筑物的位置可分为周边式广场和岛式广场；按设计的地面标高可分为地面广场、上升式广场和下沉式广场（图5-12）。要根据具体使用要求和条件选择适宜的空间形式来设计城市广场空间，使之既取得主题突出、意向明确的空间效果，又能满足人们活动及观赏的要求。

🌀 图 5-12　下沉式广场

三、广场的设计要素

（一）广场铺装

广场应以硬质景观为主，以便有足够的铺装硬地供人活动，因此铺装设计是广场设计的重点。历史上有许多著名的广场因其精美的铺装而令人印象深刻（图5-13）。

❂ 图 5-13   意大利圣彼得广场地面铺装设计

广场的铺装设计要新颖独特,必须与周围的整体环境相协调,在设计时应注意以下两点。

1. 铺装材料的选用

材料的选用不能片面追求档次,要与其他景观要素统一考虑,同时还要注意使用的安全性,避免雨天地面打滑,多选用价廉物美、使用方便、施工简单的材料,如混凝土砌块等。

2. 铺装图案的设计

因为广场是室外空间,所以地面图案的设计应以简洁为主,只在重点部位稍加强调即可。图案的设计应综合考虑材料的色彩、尺度和质感,要善于运用不同的铺装图案来表示不同用途的地面,界定不同的空间特征,也可以用以暗示游览前进的方向。

(二) 广场绿化

广场绿化是广场景观形象的重要组成部分,主要包括草坪、树木、花坛等内容,常通过不同的配置方法和裁剪整形手段营造出不同的环境氛围。绿化设计要点如下。

(1) 要保证不少于广场面积 20% 比例的绿地来为人们遮阴和丰富景观的色彩层次。但要注意的是,大多数广场的基本目的是为人们提供一个开放性的社交空间,那么就要有足够的铺装硬地供人活动,因此绿地的面积也不能过大,特别是在很多草坪不能踩踏的情况下就更应该注意。

(2) 广场绿化要根据具体情况和广场的功能、性质等进行综合设计,如娱乐休闲广场主要是提供在树荫下休息的环境和点缀城市色彩,因此可以多考虑些树池、花坛、花钵等形式;集会性广场的绿化就相对较少,应保证大面积的空白场地以供集会之用。

(3) 选择的植物种类应符合和反映当地特点,便于养护、管理。

(三) 广场水景

广场水景主要以水池 (常结合喷泉设计)、叠水、瀑布的形式出现。通过对水的动静、起落等处理手段活跃空间气氛,增加空间的连贯性和趣味性。喷泉是广场水景最常见的形式,它多受声光电控制,规模较大、气势不凡,是广场重要的景观焦点 (图 5-14)。设置水景时要考虑安全性,应有防止儿童、盲人跌落的装置,周围地面应考虑排水、防滑要求。

图 5-14　广场喷泉

（四）广场照明

广场照明应保证交通和行人的安全,并有美化广场夜景的作用。照明灯具的形式和数量的选择应与广场的性质、规模、形状、绿化和周围建筑物相适应,并注重节能要求。

（五）广场景观小品

广场景观小品包括雕塑、壁饰、座椅、垃圾箱、花台、宣传栏、栏杆等。小品既要强调时代感,也要具有个性美,其造型要与广场的总体风格相一致,协调而不单调,丰富而不零乱,着重表现地方气息、文化特色。

第四节　庭　院　设　计

庭院设计和古代造园的概念很接近,主要是建筑群或建筑群内部的室外空间设计。相对而言,庭院的使用者较少,功能也较为简单。现代庭院设计主要是居住区内部的景观设计,以及公司团体或机构的建筑庭院设计（图 5-15）,前者的使用者是居住区内的居民,后者的使用者是公司职员和公司来访者。除此之外,还有私人别墅的庭院设计。

随着人们对自己所处生活与生存环境质量要求的提高,加上近些年来房地产业的蓬勃发展,居住区内部的环境条件越来越被大众关注,特别是在一些高档小区,其内部的景观设计往往是楼盘销售的卖点。因此,从设计的规模和质量上讲,城市居住区的景观设计已成为庭院设计最重要的形式。

庭院设计应以人们的需求为出发点,美国著名人本主义心理学家 A. 马斯洛将人的需求分为 5 个层次:生理的需求、安全的需求、社交的需求、尊重的需求和自我实现的需求。因此,一个好的居住或工作环境,应该让在其中的人感到安全、方便和舒适。这也是庭院设计的基本要求。

图 5-15　某医院的庭院设计

一、庭院设计风格

现代庭院设计的风格主要有中国传统式、西方传统式、日本式庭院、现代式庭院。

（一）中国传统式

中国传统式庭院形式是中国传统园林的缩影，讲求"虽由人作，宛自天开"的诗画意境（图5-16）。多为自然式格局。由于庭院面积一般较小，故要巧妙设计，常采取"简化"或"仿意"的手法创造出写意的画境，如庭院设计中常将亭子、廊、花窗和小青瓦压顶的云墙等典型形象简化，以抽象形式来表现传统风格。在平面布局上，采用自然式的道路，道路的铺装常用卵石与天然岩板组合嵌铺；水池是不规则形状，池岸边缘多用黄石叠置成驳岸，并与草坪相衔接；庭院中常有假山，可在假山上装置流泉；植物的种植尊重其原有形态，常结合草坪适量栽种梅、兰、竹、菊、美人蕉或芭蕉。

（二）西方传统式

西方传统式庭院形式是以文艺复兴时期意大利庭院样式为蓝本，受欧洲唯理美学思想的影响，强调整齐、规则、秩序、均衡等，与中国传统式庭院强调赏心的意境相比，西方传统式庭院给人的感觉是悦目（图5-17）。在庭院的平面布局上，突出以轴线作引导的几何形图案美；通过古典式喷泉、壁泉、拱廊、雕塑等典型形象来表现；植物以常绿树为主，配以整形绿篱、模纹花坛等，以取得俯视的图案美效果。

图5-16　中国传统式庭院风格　　　　　　　　　图5-17　西方传统式庭院风格

（三）日本式庭院

日本式庭院形式是以日本庭院风格为摹本。日本的写意庭院在很大程度上就是盆景式庭院，它的代表是枯山水（图5-18）。枯山水用石块象征山峦，用白沙象征湖海，只点缀少量的灌木、苔藓或蕨类。在具体应用上：庭院以置石为主景，显示自然的伟力和天成，置石取横向纹理水平展开，呈现出伏势置法；铺地常用块石或碎沙，点块石于步道，犹如随意飞抛而成，庭院分隔墙多用篱笆扎成，不开漏窗，显得古朴。日本式庭院由于精致小巧，便于维护，常用于面积较小的庭院中。

（四）现代式庭院

现代式庭院设计渐渐模糊了流派的界限，更多的是关注"人性化"设计——注重尺度的"宜人、亲人"，充分考虑现代人的生活方式，运用现代造景素材，形成鲜明的时代感，整体风格简约、明快（图5-19）。现代式庭院的具体表现手法：一般都栽植棕榈科植物,主要采用彩色花岗岩或彩色混凝土预制砖做铺地材料,常有嵌草步石、汀步等；可设置彩色的景墙,如拉毛墙、彩色卵石墙、马赛克墙等；水池为自由式形状,常作为游泳池使用；喷泉的设计更丰富,强调人的参与性,并常与灯光艺术相结合。

图 5-18　日本枯山水庭院　　　　　　　　　　图 5-19　现代式庭院

二、庭院道路设计

庭院道路是城市道路的延续,是庭院环境的构成骨架和基础,它要满足人们出行的需要,并且对整个景观环境质量产生重要的影响（图 5-20）。

图 5-20　庭院道路是庭院环境的骨架

（一）道路分级

庭院的道路规划设计以居住区道路最为复杂。按照道路功能要求和实践经验,居住区道路宜分为三级,有些大型居住区的道路可分为四级。

1. 居住区级道路

居住区级道路是居住区的主要干道,它首先解决居住区的内外交通联系,其次起着联系居住区内的各个小区的作用。居住区级道路要保证消防车、救护车、小区班车、搬家车、工程维修车、小轿车等的通行。按照规定,道路的红线宽度不宜小于 20m,一般为 20 ～ 30m,车行道宽度一般不小于 9m。

2. 小区级道路

小区级道路是居住区的次要道路,它划分并联系着住宅组团,同时还联系着小区的公共建筑和中心绿地,一些规模小的居住区可不设小区级道路。小区级道路的车行道宽度应允许两辆机动车对开,宽度为5～8m,红线宽度根据具体规划要求确定。

3. 组团级道路

组团级道路是从小区级道路分支出来,通往住宅组团内部的道路,主要通行自行车、小轿车,还要满足消防车、搬家车和救护车的通行要求。组团级道路的车行道宽度为4～6m。

4. 宅前小路

宅前小路是通向各户或各单元入口的道路,是居住区道路系统的末梢。宅前小路的路面宽度最好能保证救护车、搬家车、小轿车、送货车到达单元门前,因此宽度不宜小于2.5m。

(二)机动车停放组织

随着经济的发展,汽车逐渐普及,不论是居住区里,还是公司团体或机构的庭院内部,经常有机动车出入,选择不同的机动车停放方式,会对庭院道路规划设计产生很大的影响。机动车的停放方式常见的有路面停车、建筑底层停车、地下车库、独立式车库等。停车方式的选择与规划应根据整个庭院的道路交通组织规划来安排,以方便、经济、安全为原则。

1. 路面停车

路面停车是庭院中使用得最多的一种停车方式,其优点是造价低,使用方便,但当停车量较大时,会严重影响庭院环境质量。根据对多种形式路面停车的调查结果统计,路面停车的车位平均用地为16m²。

2. 建筑底层停车

建筑底层停车是利用建筑的底层作停车场。其优点是没有视觉环境污染,并且腾出的场地能用作绿地,缺点是受建筑底层面积的限制,停车的数量有限。中高层建筑的底层(包括地面、地下和半地下)停车还独具优点:建筑电梯直通入底层,缩短了住宅与车库的距离,避免了不良气候的干扰,极大方便了使用者。

3. 地下车库

常利用居住区的公共服务中心、大面积绿地、广场的底部作地下车库,优点是停车面积较大,能充分利用土地,减少了噪声影响;缺点是增大了停车与住宅之间的距离。在设计时要注意人流与车流的分离,停车场出入口不能设在人群聚集之处。

4. 独立式车库

独立式车库虽能极大改善庭院的环境质量,但要占用绿地面积较大,经济成本较高。

(三)道路设计要点

(1)在道路的系统设计中,人的活动路线是设计的重要依据,道路的走向要便于职工上下班、居民出行等。人都有"抄近路"的心理,希望以最短的路程到达目的地,因此在道路设计时要充分考虑人的这一心理特征,选择经济、便捷的道路布局,而不能单纯追求设计图纸上的构图美观。

(2)道路的线型、断面形式等,应与整个庭院的规划结构和建筑群体的布置有机结合。道路的宽度应考虑工程管线的合理铺设。

(3)车行道应通至住宅每单元的入口处。建筑物外墙与人行道边缘的距离应不小于1.5m,与车行道边缘的距离不小于3m。

(4)尽端式道路长度不宜超过120m,在端头处应设回车场。

(5)车行道为单车道时,每隔150m左右应设置车辆会让处。

(6)道路绿化设计时,应注意在道路交叉口或转弯处种植的树木不应影响行驶车辆的视距,必须留出安全视距,即在这个范围内不能选用高大粗壮的树木,只能用高度不超过0.7m的灌木、花卉与草坪等。

（7）道路绿化中，其行道树的选择要避免与城市道路的树种相同，从而体现庭院不同于城市街道的性质。在居住区的道路绿化中，应考虑弥补住宅建筑的单调、雷同，从植物材料的选择、配植上采取多样化，从而组合成不同的绿色景观（图5-21）。

三、庭院绿地设计和庭院小品设计

（一）庭院绿地设计

庭院绿地是指庭院内人们公共使用的绿化用地，它是城市绿地系统的最基本组成部分，它与人的关系最密切，对人的影响最大。其中居住区绿地作为人居环境的重要因素之一，是居民生活不可缺少的户外空间，它不但创造了良好的休息环境，也提供了丰富的活动场地（图5-22）；单位附属绿地能创造良好的工作环境，促进人们的身心健康，进一步激发工作和学习的热情，此外对提高企业形象、展示企业精神面貌起到不可忽视的作用。

❀ 图5-21　庭院道路绿化　　　　　　　　❀ 图5-22　居住区的庭院绿地

1. 庭院绿地的组成与指标

庭院绿地的组成以居住区绿地最为详细，按其功能、性质和大小可分为以下几种。

（1）公共绿地：包括居住区公园、居住区小区公园、组团绿地、儿童游戏场和其他块状、带状公共绿地等，供居住区全体居民或部分居民公共使用的绿地。

（2）专用绿地：指公共建筑和公共设施的专用绿地，包括居住区的学校、幼托、小超市、活动中心、锅炉房等专门使用的绿地。

（3）宅旁绿地：指住宅四周的绿地，这是居民最常使用的休息场地，在居住区中分布最广，对居住环境影响最为明显。

（4）道路绿地：指道路两旁的绿地和行道树。

庭院绿地的指标已成为衡量人们生活、工作质量的重要标准，它由平均每人公共绿地面积和绿地率（绿地占居住区总用地的比例）所组成。在发达国家，庭院绿地指标通常都较高，以居住区为例，达到人均3m²以上，绿地率在30%以上。鉴于我国国情，在颁布的《城市居住区规划设计规范》中明确规定：住宅组团不少于0.5m²/人，居住小区（含组团）不少于1m²/人，居住区（含小区）不少于1.5m²/人；对绿地率的要求是新区不低于30%，旧区改造不低于25%。

2. 绿地的设计原则

（1）系统性。庭院的绿地设计要从庭院的总体规划出发，结合周围建筑的布局、功能特点，加上对人的行为心理需求和当地的文化因素的综合考虑，创造出有特色、多层次、多功能、序列完整的规划布局，形成一个具有整体性的系统,为人们创造幽静、优美的生活和工作环境。

(2)亲和性。绿地的亲和性体现在可达性和尺度上。可达性是指绿地无论集中设置或分散设置,都必须选址于人们经常经过并能顺利到达的地方,否则不但容易造成对绿地环境的陌生,而且会降低绿地的使用率;庭院绿地在所有绿地系统中与人的生活最为贴近,加上用地的限制,一般不可能太大,不能像城市"客厅"——广场一样具有开阔的场地,因此在绿地的形状和尺度设计上要有亲和性,以取得平易近人的感观效果。

(3)实用性。绿地的设计要注重实用性,不能仅以绿化为目的,具有实际功能的绿化空间才会对人产生明确的吸引力,因此在绿地规划时应区分游戏、晨练、休息与交往等不同空间,充分利用绿化来反映其区域特点,方便人们使用。此外,绿地植物的配置应注重实用性和经济性,名贵和难以维护的树种尽量少用,应以适应当地气候特点的乡土树种为主。

3. 绿地的形式

从总体布局上来说,绿地按造园形式可分为自然式、规则式和混合式三种。

(1)自然式:以中国古典园林绿地为蓝本,模仿自然,不讲求严整对称。其特点是道路、草坪、花木、山石等都遵循自然规律,采用自然形式布置,浓缩自然美景于庭院中;花草树木的栽植常与自然地形、人工山丘融为一体;自然式绿地富有诗情画意,易创造出幽静别致的景观环境,在居住区公共绿地中常采用这种形式。

(2)规则式:以西方古典园林绿地为蓝本,通常采用几何图形布置方式,有明显轴线,从整个平面布局到花草树木的种植上都讲求对称、均衡。特别是主要道路旁的树木依轴线成行或对称排列,绿地中的花卉布置也多以模纹花坛的形式出现。规则式绿地具有庄重、整齐的效果,在面积不大的庭院内适合采用这种形式,但它往往使景观一览无遗,缺乏活泼和自然感。

(3)混合式:即自然式和规则式相结合的方式。这种方式会根据地形特点和建筑分布灵活布局,既能与周围建筑相协调,又能保证绿地的艺术效果,是最具现代气息的绿地设计形式。

4. 绿地园路的设计

园路是绿地的骨架和脉络,起着组织空间、引导游览的作用(图 5-23)。园路按其性质和功能可以分为主路、次路及游憩小径。主路的路面宽度一般为 4 ~ 6m,能满足较大人流量和少量管理用车的要求;次路的路面宽度一般为 2 ~ 4m,能通行小型服务用车;游憩小径供人们散步休息之用,线型自由流畅,路面宽度一般为 1 ~ 2m。

园路的设计要点如下。

(1)园路的主要功能是观光游览,因此它的道路布局一般不以捷径为准则。园路线型多自由流畅,迂回曲折,一方面是地形的要求,另一方面是功能和艺术的要求。游人的视线随着路蜿蜒起伏,饱览不断变化的景观(图 5-24)。

(2)园路必须主次分明,引导性强,游人应可以从不同地点、不同方向欣赏到不同的景致。

(3)园路的疏密与绿地的大小、性质和地形有关:规模大的绿地较之小块绿地,园路就布置得较多;安静休息区园路布置得较少,活动区相对较多;地形复杂的地方园路布置得也较少。

5. 绿地植物的选择

庭院植物的选用范围很广,乔木、灌木、藤木、竹类、花卉、草皮植物都可使用,在选择植物时要注意以下几点。

(1)大部分植物宜选择易管理、易生长、少修剪、少虫害,以及具有地方特色的优良树种,这样能大大减少维护管理的费用。

(2)选择耐荫树种,这是因为现在的建筑楼层较高并占据日照条件好的位置,这样绿地往往处于阴影之中,所以选择耐荫树种便于成活。

图 5-23　某居住小区园路设计　　　　　　　图 5-24　蜿蜒曲折的园路

（3）选择无飞絮、无毒、无刺激性和污染物的树种。

（4）选择一些芳香型的树种,如香樟、广玉兰、桂花、蜡梅、栀子等。在居住区的活动场所周围最适宜种植芳香类植物,可以为居民提供一个美观的自然环境。

（5）草坪植物的选择要符合上人草坪和不上人草坪的设计要求,并能适应当地的气候条件和日照情况。

6. 绿地中的花坛设计

在庭院的户外场地或路边布置花坛,种植花木、花草,对环境有很好的装饰作用,花坛的组合形式有独立花坛、花坛组群、带状花坛、连续花坛等。花坛的设计要注意以下几点。

（1）作为主景的花坛,外形多呈对称状,其纵横轴常与庭院的主轴线相重合;作为配景的花坛一般在主景垂轴两侧。

（2）花坛的单体面积不宜过大,因以平面观赏为主,故植床不能太高。为创造亲切宜人的氛围,植床高出地面 10cm 为好,或采用下沉式花坛。

（3）花坛在数量的设置上要避免单调或杂乱,要保持整个庭院绿化的整体性和简洁性。

（二）庭院小品设计

庭院小品能改善人们的生活质量,提高人们的欣赏品位,方便人们的生活学习,一个个设计精良、造型优美的小品对提高环境品质起到重要作用。小品的设计应结合庭院空间的特征和尺度,建筑的形式、风格,以及人们的文化素养和企业形象应综合考虑。小品的形式和内容应与环境协调统一,形成有机的整体,因此在设计上要遵循整体性、实用性、艺术性、趣味性和地方性的原则。

1. 庭院小品的分类

（1）建筑小品：钟塔、庭院出入口、休息亭、廊、景墙、小桥、书报亭、宣传栏等（图 5-25）。

（2）装饰小品：水池、喷水池、叠石假山、雕塑、壁画、花坛、花台等。

图 5-25 小区景墙结合壁泉设计

（3）方便设施小品：垃圾箱、标识牌、灯具、电话亭、自行车棚等。

（4）游憩设施小品：沙坑、戏水池、儿童游戏器械、健身器材、座椅、桌子等。

2.小品的规划布置

（1）庭院出入口。庭院出入口是人们对庭院的第一印象，它能起到标志、分隔、警卫、装饰的作用，在设计时要尺度亲切、色彩明快、造型新颖，同时能体现出地域特点，表达一种民族特色文化。

（2）休息亭廊。几乎所有的居住小区都设计有休息亭廊，它们大多都结合公共绿地布置，供人们休息，遮阳避雨。亭廊的造型设计新颖别致，是庭院重要的景观小品（图 5-26）。

（3）水景。庭院水景有动态与静态之分，动态水景以其水的动势和声响，给庭院环境增添了引人入胜的魅力，活跃了空间气氛，增加了空间的连贯性和趣味性；静态水景平稳、安详，给人以宁静和舒坦之美，利用水体倒影、光影变幻可产生令人叹为观止的艺术效果。另外，居住区的水景设计要考虑居民的参与性，这样能创造出一种轻松、亲切的小区环境，如旱池喷泉、人工溪涧、游泳池等都是深受居民，特别是儿童喜爱的水景形式（图 5-27）。

图 5-26 庭院里欧式风格的亭子

图 5-27 庭院人工溪涧的驳岸处理

四、庭院游戏与活动场地设计

庭院的游戏与活动场地为人们提供了一个交往、娱乐、休息的场所,特别是在居住区设计中,它是人性化设计最直接的体现。庭院游戏场地主要是指儿童游戏场地,它是居住区整体环境中最活跃的组成部分;庭院活动场地是指供庭院所有居民活动娱乐的场地。

(一)儿童游戏场地设计

随着城市居住区的大量兴建,儿童游戏场的规划设计越来越受到重视,它给儿童和家长带来极大方便。

1. 场地设计原则

(1)儿童精力旺盛,活动量大,但耐久性差,因此场地要宽敞,游戏设备要丰富。

(2)可根据居住区地形的变化巧妙设计,达到事半功倍的效果。如利用地势高差,可设计成下沉式或抬升式游戏场地,形成相对独立、安静的游戏空间。

(3)儿童在游戏时往往不注意周围的车辆或行人,因此在场地设计时,要避免交通道路穿越其中,而引起不安全。

(4)场地的设置要尽量避免对周围住户的噪声干扰。游戏场四周可种植浓密的乔木或灌木,形成相对封闭而独立的空间,不但可减小对周围居民的干扰,还有利于儿童的活动安全。

2. 儿童游戏场地的主要设施

(1)草坪与地面铺装。此种设施应用较为普遍,它地形平坦,面积较大,适宜儿童在上面奔跑、追逐。特别是草坪,尤其适合于幼儿,在上面活动即安全又卫生,只是较硬质铺装,养护管理成本要高些。地面铺装材料多采用混凝土方砖、石板、沥青等,铺装图案可设计得儿童化些。

(2)沙坑。它是一种重要的游戏设施,深受儿童喜爱。儿童可凭借自身想象力开挖、堆砌各种造型,虽简单,但可激发他们的艺术创造力。沙坑可布置在草坪或硬质铺地内,面积占 2m² 左右,沙坑深度以 30cm 为宜。沙坑最好在向阳处,便于给沙消毒;为了保持沙的清洁,需定期更换沙料。

(3)水景。儿童都喜爱与水亲近,因此在儿童游戏场内,可设计参与性水景,如涉水池、溪涧、旱池喷泉等。这些水景在夏季不但可供儿童游戏,还可改善场地小气候。涉水池、溪涧的水深以 15 ~ 30cm 为宜,平面形式可丰富多样,水面上可设计一些妙趣横生的汀步,或结合游戏器械如小滑梯等设计。

(4)游戏器械。游戏器械有滑梯、秋千、跷跷板、转椅、攀登架、吊环等,适合不同年龄组儿童使用。有的居住区选择一种组合游戏器械,它由玻璃钢或高强度塑料制成,色彩鲜艳,且有一定弹性,儿童使用较为安全(图 5-28)。国外的居住区游戏场内常可见利用一些工程及工业废品(如旧轮胎、旧电杆、下水管道等)制作成儿童游戏器械,这样不仅可降低游戏场的造价,而且能够充分发挥儿童的想象力与创造力。

🌐 **图 5-28** 儿童游戏器械

（二）成人活动场地设计

居住区的活动场地主要功能是满足居民休闲娱乐和锻炼保健的需要，是邻里交往的重要场所。特别对于老龄人来说，规划设计合理的活动场地，为老龄人自发性活动与社会性活动创造积极的条件，充实老龄人的精神生活。

1．活动场地的分类

活动场地按使用方式一般可分为以下三类。

（1）社会交往空间。这是邻里交往的场所，设计时应考虑安全、舒适、方便，其位置常出现在建筑物的出入口、步行道的交汇点和日常使用频繁的小区服务设施附近空间。

（2）景观观赏空间。这为居民与自然的亲密接触创造了条件。从这类空间观赏景物，视野开阔，并能欣赏到小区最美的景观。

（3）健身锻炼空间。健身锻炼是居民室外活动的重要内容，居民在这个空间里可以做操、跳舞、步行、晒太阳等，有的居住区还配有室外健身器材，供居民锻炼。

2．活动场地的空间类型及设计要点

（1）中心活动区。它是居住区内最大的活动场所，可分为动态活动区和静态活动区两种。动态活动区多以休闲广场的形式出现，其地面必须平坦防滑，居民可在此进行球类、做操、舞蹈、练功等非私密性的健身活动（图 5-29）；静态活动区可利用大树荫、廊亭、花架等空间，供居民在此观景、聊天、下棋及其他娱乐活动。动、静态活动区应相互保持一定距离，以免相互干扰；静态活动区应能观赏到动态活动区的活动。

中心活动区可以是一个独立的区域，也可以设在公共设施和小区中心绿地的附近。为了避免干扰，应与附近车道保持一定距离。

（2）局部活动区。规模较大的居住区应分布若干个局部活动区，以满足有些居民喜欢就近活动，或习惯和自己熟悉的三五邻居一起活动。这类场地宜安排在地势平坦的地方，大小依居住区规模而定，最大可达到羽毛球场大小，并可容纳拳术、做操等各种动态活动。活动区的场地周围应有遮阴和作息处，以供居民观赏和休息。

（3）私密性活动区。居民也有私密性活动的要求，因此需设置若干私密性活动区。这类空间应设置在宁静

🌐 **图 5-29　小区的休闲广场**

之处，而不是在人潮聚集的地方，同时要避免被主要道路穿过。私密性活动区常利用植物等来遮掩视线或隔离外界，以免成为外界的视点，并最好能欣赏到优美的景观（图 5-30）。

私密性活动区离不开座椅，座椅的设计既有常规木制座椅，也有花坛边、台阶、矮墙等多种形式的辅助座椅。座椅应布置在环境的凹处、转角等能提供亲切和安全感的地方，每条座椅或者每处小憩之地应能形成各自相宜的具体环境。

🏵 图 5-30　植物环绕的私密性活动区

第六章 景观设计制图与表达

　　景观设计项目的方案必须要通过依托一定表现技法的景观工程图来实现,这也是用于指导项目施工的唯一依据,只有景观设计师头脑里的方案构思通过工程图表达出来,施工人员才能按图纸进行施工制作。毫无疑问,图纸表达得是否正确、生动与施工的质量和最终景观效果有着直接关系。

第一节　常用绘图工具及特点

　　在景观设计的表现中,常用的传统表现工具有很多,如铅笔、绘图笔、针管笔、水溶性彩铅、马克笔、鸭嘴笔、水粉笔、水彩笔、叶筋笔、水粉颜料、水彩颜料、靠尺、三角板、圆规、圆模板、曲线板或蛇尺、比例尺、丁字尺等工具（图6-1）。

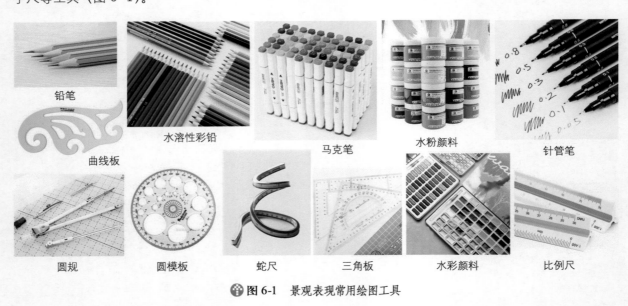

铅笔　　水溶性彩铅　　马克笔　　水粉颜料　　针管笔
曲线板　　圆规　　圆模板　　蛇尺　　三角板　　水彩颜料　　比例尺

图6-1　景观表现常用绘图工具

　　（1）铅笔:是使用最广泛的单色绘图工具,常用作打底稿;还用来绘制概念草图,表达设计师瞬间的灵感和构思。

　　（2）针管笔:也称绘图墨水笔。针管笔的笔尖为管式,绘出的线条粗细均匀,图面有种机械制图感,常用以绘制景观施工图。针管笔根据笔形的不同可绘制不同宽度的线条,笔形有0.1~1.2mm各种规格。

　　（3）马克笔:分为油性和水性两种。马克笔使用方便,画出的线条均匀、流畅,特别适合方案阶段的快速构思图。马克笔的色彩不宜过多覆盖和调和,看准什么颜色就使用什么颜色,故选购笔时颜色要尽量多,尤其是复合色和灰色。

(4) 水溶性彩铅:可以迅速绘出绚丽多彩的表现图,笔触见水后能达到水彩的效果。

(5) 水粉颜料:覆盖性较强,是一种不透明的水溶性颜料,易于绘出材料质感和光影效果。

(6) 水彩颜料:绘出的图色彩清晰,有种自然感和半透明效果。

(7) 圆规:是画圆的重要工具,尤其在大圆的绘制中非常有用,如设计中圆形的建筑、广场、草坪、水池等的平面投影图都需要绘制圆形。

(8) 圆模板:是绘制树木、圆形立柱等的平面投影图的重要工具。

(9) 曲线板或蛇尺:是用来绘制曲率半径不同的曲线工具。在设计图纸中,常用它们来绘制不规则曲线的道路、水池或建筑屋顶等。

(10) 丁字尺和三角板:是绘制直线的工具,两者配合使用可绘出垂直线。

(11) 比例尺:是用来缩小或放大线段长度的尺子,一般为三角棱形,又称三棱尺。在景观艺术设计制图中,需将建筑、道路或构筑物等按比例缩小画到图纸上,比例尺就起到这个作用。尺身上每边分别有 1:100、1:200、1:300、1:600 四种比例,例如, 1:100 即表示 1m 长的线段在比例尺中仅为 1cm。

除以上传统绘图工具外,计算机绘图也成为一大趋势,很多设计图纸是通过计算机来完成的,SketchUp、AutoCAD、Photoshop、3ds Max 等是常用的景观设计项目的绘图软件。计算机绘图具有易修改、好保存,并能大量出图等优势,因此广泛应用于设计领域。

第二节　景观设计表现技法

一、钢笔表现

钢笔表现是以钢笔和墨水作为工具的表现方式,它以同一粗细（或略有粗细变化）、同样深浅的钢笔线条加以叠加组合,来表现景观环境的形体轮廓、空间层次、光影变化和材料质感,而且绘制方便、快捷。

钢笔有多种类型,如蘸水钢笔、普通钢笔、笔尖弯头钢笔、针管笔、绘图笔等,每类笔都有自己的表现特色。

钢笔表现图更多的是徒手画。钢笔线条有着丰富的表现力,线条的合理排列与组织会使画面有层次感、空间感、质感、量感,以及形式上的节奏感、韵律感（图 6-2）。

⊕ 图 6-2　钢笔和针管笔的表现

二、彩色铅笔表现

这里的彩色铅笔多指水溶性彩色铅笔,这种工具绘图方便,表现范围广。彩铅表现的关键是要根据对象形状、质地等特征有规律地组织、排列铅笔线条。在作图过程中,从明到暗逐步加强,但步骤也不宜过多,两三遍即可,所以在画图时,必须做到胸有成竹、意在笔先(图 6-3)。

铅笔线条分徒手线和工具线两类。徒手线生动,用力微秒,可表现复杂、柔软的物体;工具线规则、单纯,宜表现大的块面和平整光滑的物体。水溶性彩色铅笔可发挥溶水的特点,用水涂色取得浸润感,也可用手指或纸擦笔抹出柔和的效果。

三、马克笔表现

马克笔具有色彩丰富、着色简便、风格豪放和成图迅速的特点。马克笔分为水性和油性两种,笔头分扁头和圆头两种。

绘制马克笔表现图时,先要用绘图笔或针管笔勾出透视稿(尽可能徒手画),然后再用马克笔上色,用笔要肯定、洗练。马克笔的运笔排线与铅笔画一样也分徒手和工具两类,应根据不同场景和物体形态、质地以及表现风格选用。

马克笔上色后不易修改,故一般应先浅后深,色浅则透明度较高。色彩覆盖时可使用相同或相近的颜色,差距太大的颜色覆盖则会使色彩变浊。马克笔作为快速表现的工具,无须用色将画面满铺,有重点地进行局部上色会使画面显得更为轻快、生动(图 6-4)。

🎖 图6-3　彩色铅笔表现

🎖 图6-4　马克笔表现

四、水彩、水粉表现

水彩表现是一种传统的技法,也是一种使用较为普遍的教学训练手段。水彩表现要求底稿图形准确、清晰,因此常结合钢笔技法使用,称为钢笔淡彩,这样能发挥各自优点,达到简洁、明快、生动的艺术效果(图 6-5)。水彩画上色程序一般是由浅到深、由远及近,高光或亮部要预先留出,大面积涂色时,颜料调配宜多不宜少。水彩表现常用退晕、叠加与平涂三种技法。

水粉表现具有色彩明快、艳丽、饱和、浑厚、表现充分等优点。水粉表现技法大致分厚、薄两种画法,薄画法类似水彩表现,实际中两种技法常综合使用。

🎨 图 6-5　水彩表现

五、计算机表现

通过计算机软件绘制景观设计图能够达到一种写实效果,它能给观赏者提供一个直观、详细、真实、全面的视觉图像,能客观地反映景观的造型、色彩、质感、比例和光影等,逼真、详细地展现景观建成后的实际效果,因而更能被非专业人士所理解,因此用计算机绘制的表现图往往容易被大众所接受,商业效果好（图 6-6）。

🎨 图 6-6　计算机表现效果逼真

计算机表现图中对透视和光影的计算是非常精确的,而对操作者来说,只是命令的设置,但在手绘表现时,透视和光影的表现是设计师最费精力的事情,因此,他们运用计算机就能够把自己从烦琐的绘图工作中解放出来,从而把更多的精力放在构思创意上。

绘制景观表现图的软件中,AutoCAD 软件主要用于绘制景观平面图、立面图、详图等,然后通过虚拟打印导入 Photoshop 中进行着色,使平面图等更直观、生动。也可以在 AutoCAD 中完成景观平面图的绘制,然后导入 3ds Max 中生成模型,加上摄像机、灯光、材质等,然后渲染输出,最后在 Photoshop 中对渲染好的图片进行后期处理,即成为景观透视效果图。SketchUp 软件又名"草图大师",是当前较流行的一款三维建模软件,它可以与 AutoCAD、3ds Max 等软件结合使用,实现方案构思、效果图与施工图绘制的完美结合,还能轻松制作方案演示视频动画。SketchUp具有草稿、线稿、透视、渲染等不同显示模式,界面独特、简洁且易操作,设计师可以短期内掌握。

第三节　景观设计表现图

景观设计项目是用设计图纸来表达设计意图的,因此景观设计表现图是景观设计师表达设计构思的载体,是设计师之间相互沟通设计思想的手段,也是业主了解作品并完成最后效果的最直观方法。

绘制景观设计图除了要掌握正投影制图的基本概念及绘制方法外,还要掌握城市规划、园林、建筑制图的相关规范及绘制方法,才能准确、专业地绘制出设计表现图。

在设计过程中,为了准确、形象地表达各项设计内容,需要绘制多种具有艺术表现力的设计图纸,如平面图、立面图、大样图和效果图等进行图示说明。下面以深圳市万漪环境艺术设计有限公司完成的位于广东省惠州市潼湖生态智慧区内的城市住宅小区——"德润天悦"楼盘的景观设计项目为例进行说明。

一、景观平面图

景观平面图是指景观设计范围内按水平方向进行正投影产生的视图,它与航空照片很相似。景观平面图主要表达景观的占地大小,建筑物的位置、大小及屋顶的形式,道路的宽窄及分布,活动场地的位置及形状,绿化的布置及品种,水体的位置及类型,景观小品的位置,地面的铺装材料,地形的起伏及不同的标高等。

(一)平面图分类

景观平面图大致可分为以下几类。

1.景观区位图

提供项目所处环境的基本资料,设计师根据基本资料进行区位分析,比如项目基地周边情况的分析、项目的街道路网、基地的出入口、交通的灵活性,以及公园绿地系统等,分析项目所在区域独特的资源与优势,以及不利条件等（图6-7）。

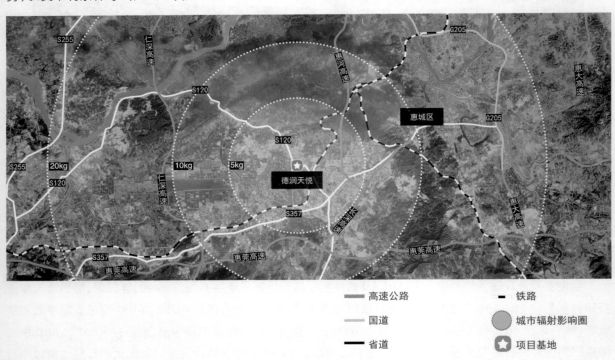

图6-7　"德润天悦"楼盘区位图

2．景观平面设计图

景观平面设计图常以总平面图的形式出现,也是后期景观分析图的表现基础。其一般按照规定比例绘制,表示建筑物和构筑物的方位、间距以及道路网,路面铺装、绿化、水体、建筑小品,以及基地临界情况等（图6-8）。

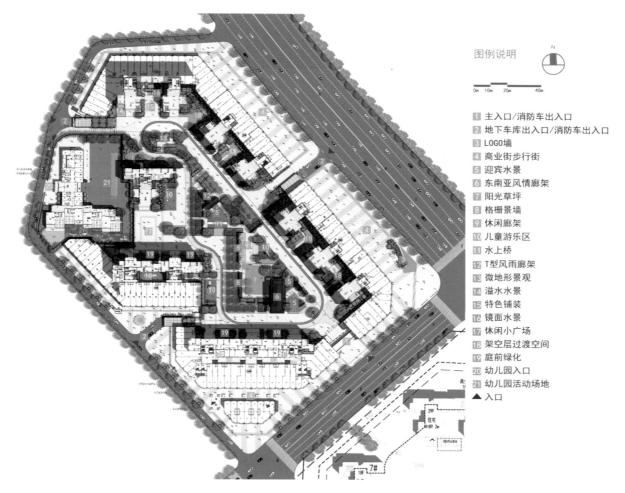

图例说明

1	主入口/消防车出入口
2	地下车库出入口/消防车出入口
3	LOGO墙
4	商业街步行街
5	迎宾水景
6	东南亚风情廊架
7	阳光草坪
8	格栅景墙
9	休闲廊架
10	儿童游乐区
11	水上桥
12	T型风雨廊架
13	微地形景观
14	溢水水景
15	特色铺装
16	镜面水景
17	休闲小广场
18	架空层过渡空间
19	庭前绿化
20	幼儿园入口
21	幼儿园活动场地
▲	入口

🌐 **图 6-8** "德润天悦"居住区景观总平面设计图

3．景观分析图

分析图在景观设计前期至关重要,是考验设计师设计思考能力的重要标准。做分析图主要有三个要素：弱化彩平面、流线、色块。分析图种类很多,常见的有以下几种。

（1）道路分析图：包括车行道、人行道、游园步道、小区出入口、建筑出入口、地下车库出入口等（图6-9）。

（2）功能分析图：包括中心景观区、儿童活动区、休闲健身区、商业休闲区、水景区等（图6-10）。

（3）景观节点分析图：包括主要景观节点、次要景观节点以及景观渗透、景观视线等。各个景观节点一般用色块表示,景观视线一般用箭头表示（图6-11）。

（4）消防分析图：包括消防车出入口、市政路、消防通道、消防登高面（高层必有）等（图6-12）。

4．绿化种植设计图

居住区绿化种植设计要满足生态保障、提供避阴、建造空间、景观美学、维持生物多样性等功能。树种的选择要满足形态要求、生态要求、艺术要求、季节要求等。设计图上要标明树种及其位置,植物搭配可采取近自然配置、立体配置、文化配置、艺术配置、特殊配置等方法（图6-13）。

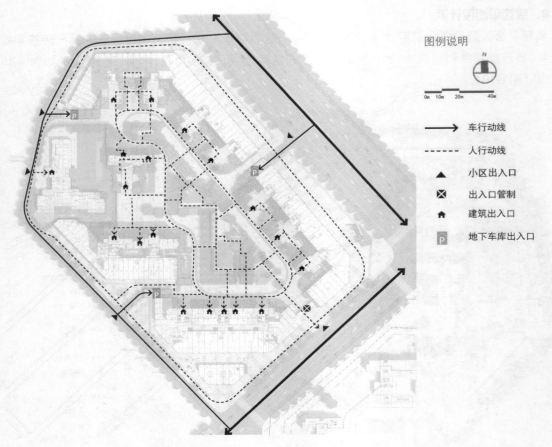

图例说明

N

0m 10m 20m   40m

→ 车行动线

----- 人行动线

▲ 小区出入口

☒ 出入口管制

🏠 建筑出入口

🅿 地下车库出入口

🌐 **图 6-9** "德润天悦"居住区道路分析图

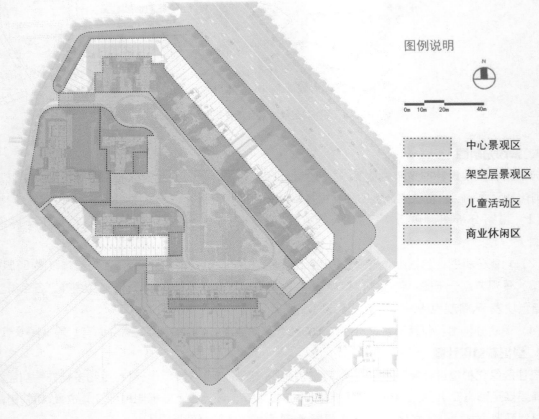

图例说明

N

0m 10m 20m   40m

中心景观区

架空层景观区

儿童活动区

商业休闲区

🌐 **图 6-10** "德润天悦"居住区功能分析图

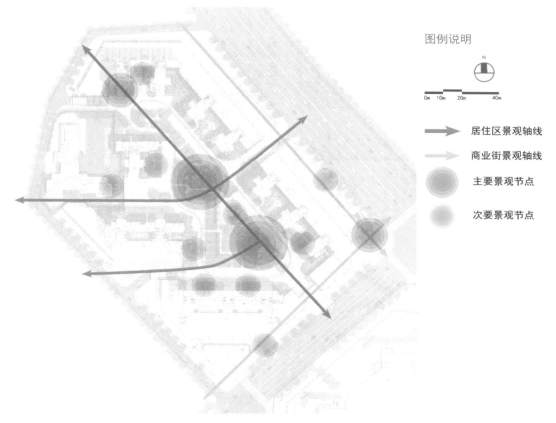

图 6-11 "德润天悦"居住区景观节点分析图

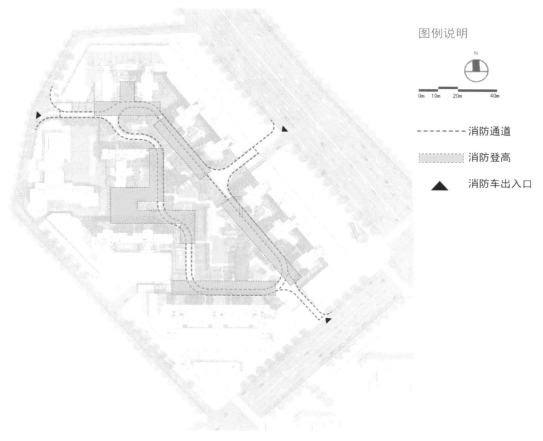

图 6-12 "德润天悦"居住区消防分析图

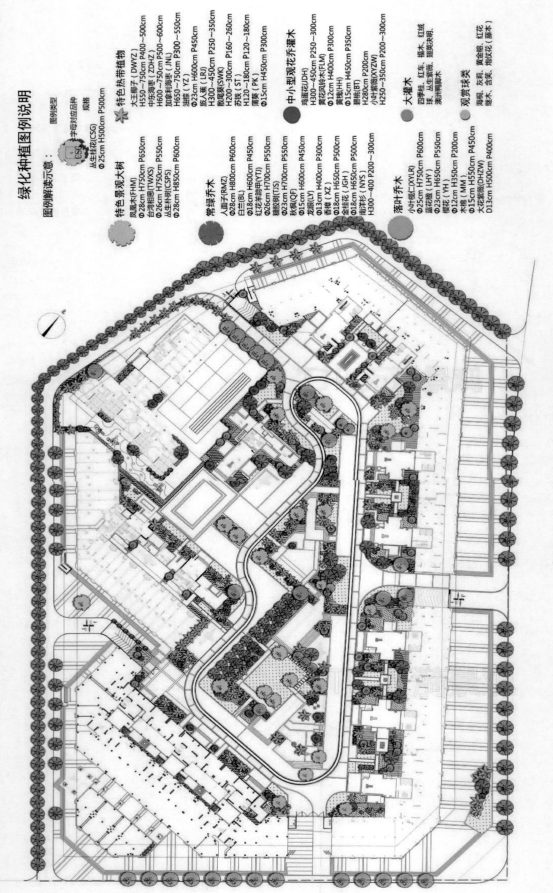

绿化种植图例说明

图例解读示意：

图例类型
CSG — 字母对应品种
规格

丛生桂花(CSG)
Φ25cm H500cm P500cm

特色景观大树

凤凰木(FHM)
Φ28cm H750cm P650cm
台湾相思(TWXS)
Φ26cm H750cm P550cm
丛生朴树(CSPS)
Φ28cm H850cm P600cm

特色热带植物

大王椰子（DWYZ）
H550～750cm P400～500cm
中东海枣（ZDHZ）
H600～750cm P500～600cm
加拿利海枣（JNL）
H650～750cm P300～550cm
油棕（YZ）
Φ23cm H600cm P450cm
旅人蕉（LRJ）
H300～450cm P250～350cm
散尾葵(SWK)
H200～300cm P160～260cm
乔松（ST）
H120～180cm P120～180cm
蒲葵（PK）
Φ15cm H450cm P300cm

中小型观花乔灌木

鸡蛋花(JDH)
H300～450cm P250～300cm
黄花风铃木(FLM)
Φ12cm H400cm P300cm
黄槐(HH)
Φ15cm H450cm P350cm
碧桃(BT)
H280cm P200cm
小叶紫薇(XYZW)
H250～350cm P200～300cm

常绿乔木

人面子(RMZ)
Φ28cm H800cm P600cm
白兰(BL)
Φ18cm H600cm P450cm
红花羊蹄甲(YTJ)
Φ26cm H700cm P550cm
糖胶树(TJS)
Φ23cm H700cm P550cm
秋枫(QF)
Φ15cm H600cm P450cm
龙眼(LY)
Φ13cm H400cm P300cm
香樟（XZ）
Φ18cm H650cm P500cm
金桂花（JGH）
Φ18cm H650cm P500cm
南洋杉（NYS）
H300～400 P200～300cm

落叶乔木

小叶榄仁(XYLR)
Φ25cm H750cm P600cm
蓝花楹（LHY）
Φ23cm H650cm P550cm
樱花（YH）
Φ12cm H350cm P200cm
木棉（MM）
Φ15cm H550cm P450cm
大花紫薇(DHZW)
Φ13cm H500cm P400cm

大灌木

四季桂、红车、福木、红球、丛生紫薇、翅荚决明、澳洲鸭脚木

观赏球类

海桐、灰莉、黄金榕、红花继木、含笑、地汲花（藤本）

图 6-13 "德润天悦"居住区绿化种植设计图

5. 景观节点平面图

景观节点平面图是在景观总平面图的基础上对某个景观点（一般是比较有特色的局部景观点）进行放大标注或者分析景点位置示意的平面图（图6-14~图6-16）。

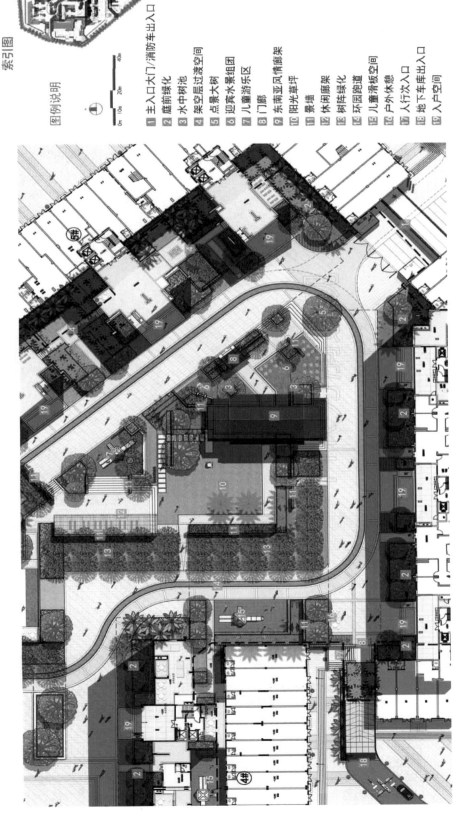

索引图

图例说明

0m 10m 20m 40m

1 主入口大门/消防车出入口
2 庭前绿化
3 水中树池
4 架空层过渡空间
5 点景大树
6 迎宾水景组团
7 儿童游乐区
8 门廊
9 东南亚风情廊架
10 阳光草坪
11 景墙
12 休闲廊架
13 树阵绿化
14 环园跑道
15 儿童滑板空间
16 户外休憩
17 人行次入口
18 地下车库出入口
19 入户空间

● 图6-14 "德润天悦"居住区景观节点平面图一

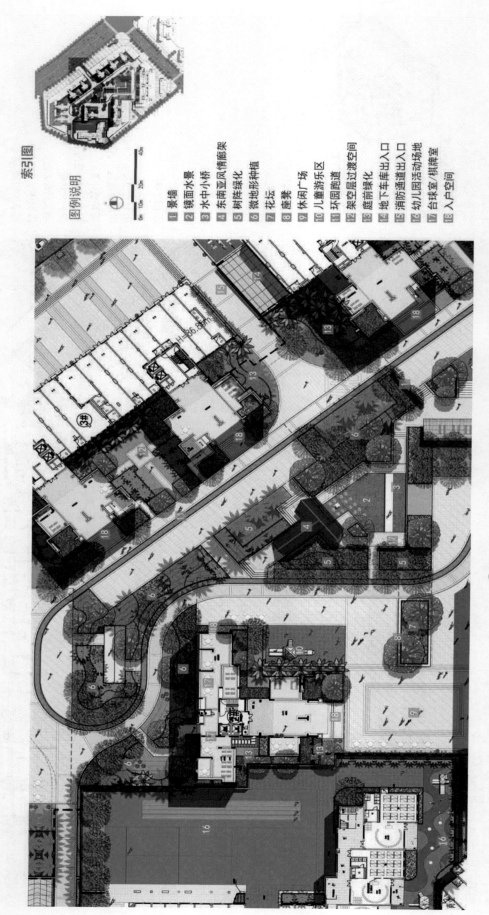

索引图

图例说明

0m 10m 20m 40m

1 景墙
2 镜面水景
3 水中小桥
4 东南亚风情廊架
5 树阵种植
6 微地形种植
7 花坛
8 座凳
9 休闲广场
10 儿童游乐区
11 环园跑道
12 架空层过渡空间
13 庭前绿化
14 地下车库出入口
15 消防通道出入口
16 幼儿园活动场地
17 台球室 棋牌室
18 入户空间

图 6-15 "德润天悦" 居住区景观节点平面图二

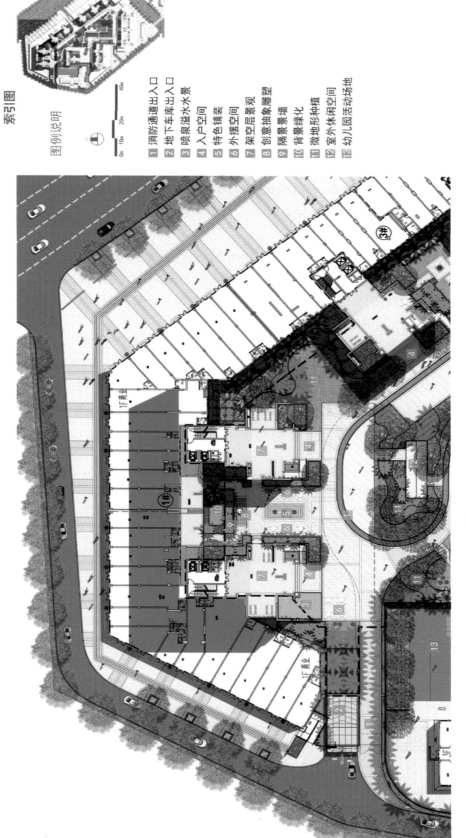

索引图

图例说明

0m 10m 20m 40m

1 消防通道出入口
2 地下车库出入口
3 喷泉溢水水景
4 入户空间
5 特色铺装
6 外摆空间
7 架空层景观
8 创意抽象景雕塑
9 隔景景墙
10 背景绿化
11 微地形种植
12 室外休闲空间
13 幼儿园活动场地

● 图 6-16 "德润天悦"居住区景观节点平面图三

(二) 平面图绘制

现以景观平面设计图为例来了解它的绘制方法。

(1) 先画出景观地形的现状。这包括周围环境的建筑物、构筑物、原有道路、其他自然物以及地形等高线等内容。

(2) 按照构思方案,把景观中设计内容的轮廓线分别画出来。可依据"三定"原则:定点,即根据原有建筑物或道路的某点来确定新建内容中某点的左右位置和相距尺寸;定向,即根据原有建筑物的朝向来确定新设计内容的朝向方位;定高,即根据已有地形标高来确定新设计内容的标高位置。

(3) 详细画出景观中各设计内容的外形线和材料图例。如建筑物的详细轮廓线,道路的边缘线、中心线以及地面材料,场地的划分和材料,植物的表现 (树、树丛、绿篱、草地等),水体,地形的等高线等。

(4) 加深、加粗各景观设计内容的轮廓线。这是为了使图面的内容主次分明,让人一目了然,从而加强画面的整体效果。在景观平面图中,各设计内容的轮廓线是最粗的,如建筑物的表现主要是它的外轮廓线,因此线条应挺拔而清晰,不宜过细,一般用 0.6 ~ 1.2mm 的针管笔勾画;道路的边缘线应用较粗的实线表示,道路的中心线宜用细点画线表示。

(5) 景观平面图常着色和绘制阴影。着色能使图面的表达更生动、直观。阴影可以显示出相关景物之间的高度关系,从而在平面图中产生深度感,主要包括建筑物阴影、树木阴影等。绘制阴影时,应先确定日照方向;其次确定适当的阴影比例关系。一旦一个景物的阴影长度决定了,画面其他景物的阴影必须依照其高度的不同,按照一定的比例绘制长短不同的阴影。

(6) 景观平面图中应标明指北针,必要时还需附上风向频率玫瑰图。

(7) 景观平面图通常用文字和图例来说明设计内容:文字多对景观的特色景点做介绍,如"亲水平台""溪流跌水""青石板小径"等;图例是根据物体的平面投影或垂直投影所绘出并加以美化的图案,它犹如象形文字,被视为设计者的语汇。图例常安排于图面一角,并附于文字解释。景观图例大致包括建筑物、植物 (乔木、灌木、草本植物、植被)、铺地、水体、交通工具、公共小品类等。

二、景观立面图

景观立面图是指按比例绘出景观物体的侧视图,表达的是景观垂直方向的形态,也显示出建筑外部与风景的关系。同建筑立面图一样,景观立面图可以根据实际需要选择多个方向的立面,不同的是景观立面图因地形的变化而常导致其地平线不是水平的 (图6-17 ~图6-19)。

景观立面图主要表达景观水平方向的宽度、地形的起伏高差变化、景观中建筑物或构筑物的宽度、植物的形状和大小、公共小品的高低等。

景观立面图较之平面图表现的内容较少,因而简单得多,它的绘制方法如下。

(1) 根据景观平面图选择最能反映特征的相应方位的立面图。先画出地平线,包括地形高差的变化。

(2) 确定建筑物或构筑物的位置,画出其轮廓线,还有植物等的轮廓线。

(3) 依据图线粗细等级完善各部分内容。其中地坪剖断线最粗,建筑物或构筑物等轮廓线次之,其余用细线。

(4) 立面图可根据需要来着色,以加强图面的说服力。

三、景观节点大样图

景观节点大样图是指针对某一特定区域来放大标注,详细地标出构件的尺寸、材料以及做法,以解决在总平面图中不能详尽说明的问题。需要绘制节点大样图的区域一般是设计的亮点,有一定的创意,需要单独说明,例如特色景观跌水、灯柱设计、树池或花池设计、花架设计、座椅设计、雕塑设计等地方 (图6-20)。

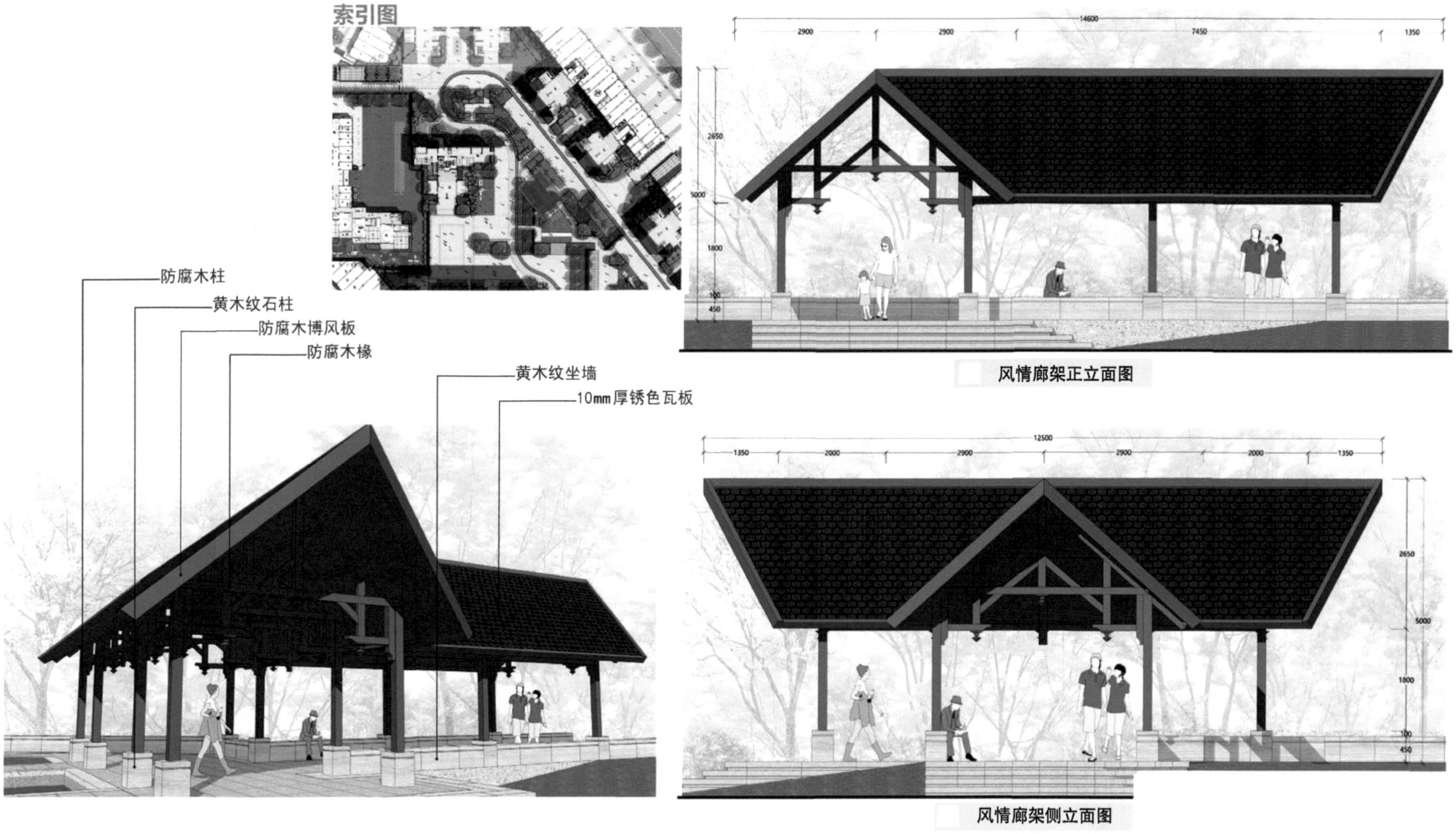

索引图

黄木纹坐墙

10mm厚锈色瓦板

黄木纹石柱

防腐木柱

防腐木博风板

防腐木椽

风情廊架正立面图

风情廊架侧立面图

图 6-17 "德润天悦" 居住区风情廊架立面图一

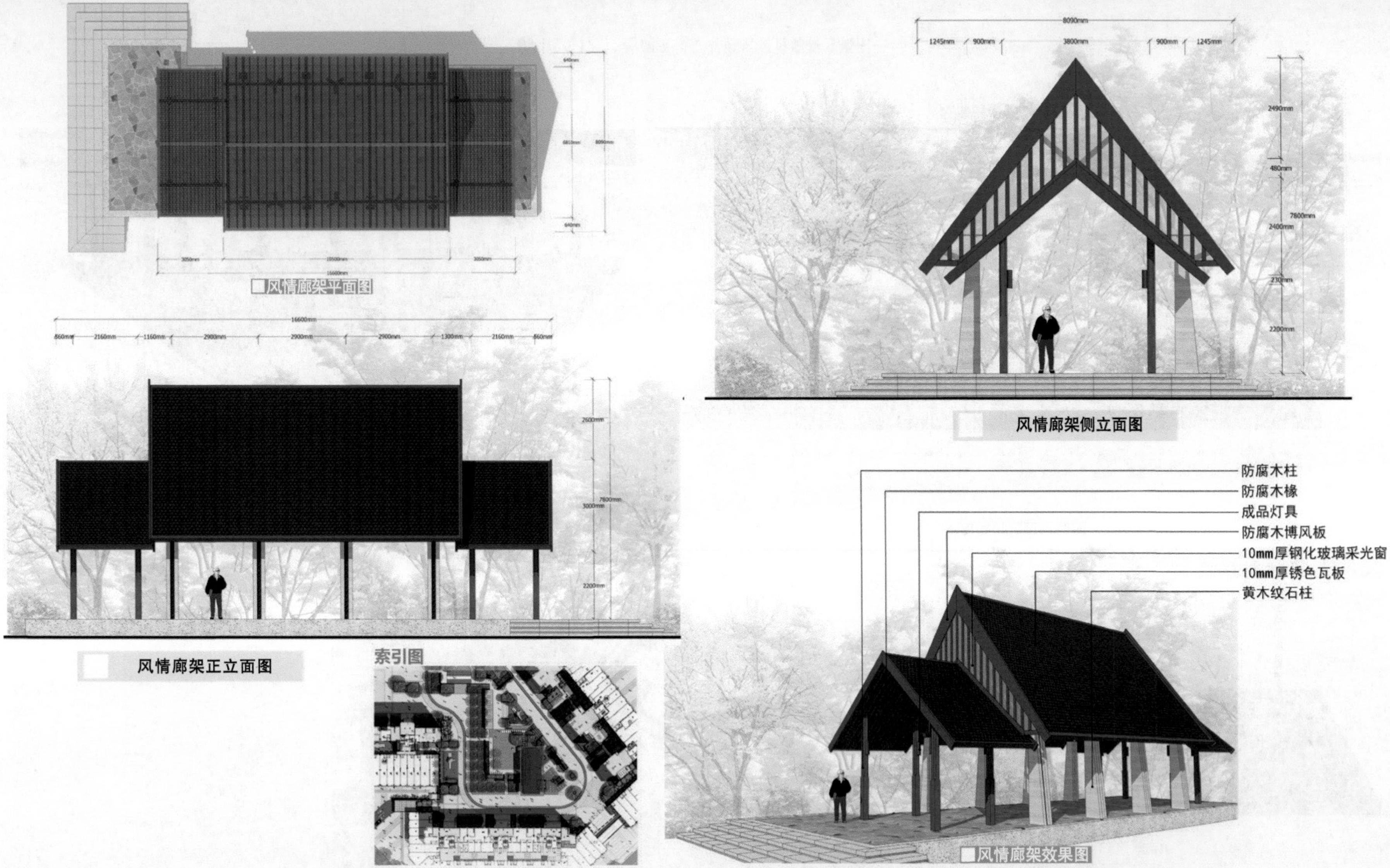
风情廊架平面图
3050mm
10500mm
3050mm
16600mm
640mm
6810mm
8090mm
640mm
风情廊架侧立面图
8090mm
1245mm
900mm
3800mm
900mm
1245mm
2490mm
480mm
2400mm
230mm
2200mm
7800mm
风情廊架正立面图
16600mm
860mm
2160mm
1160mm
2900mm
2900mm
2900mm
1300mm
2160mm
860mm
2600mm
3000mm
7800mm
2200mm
索引图
防腐木柱
防腐木椽
成品灯具
防腐木博风板
10mm厚钢化玻璃采光窗
10mm厚锈色瓦板
黄木纹石柱
风情廊架效果图

图 6-18 “德润天悦”居住区风情廊架立面图二

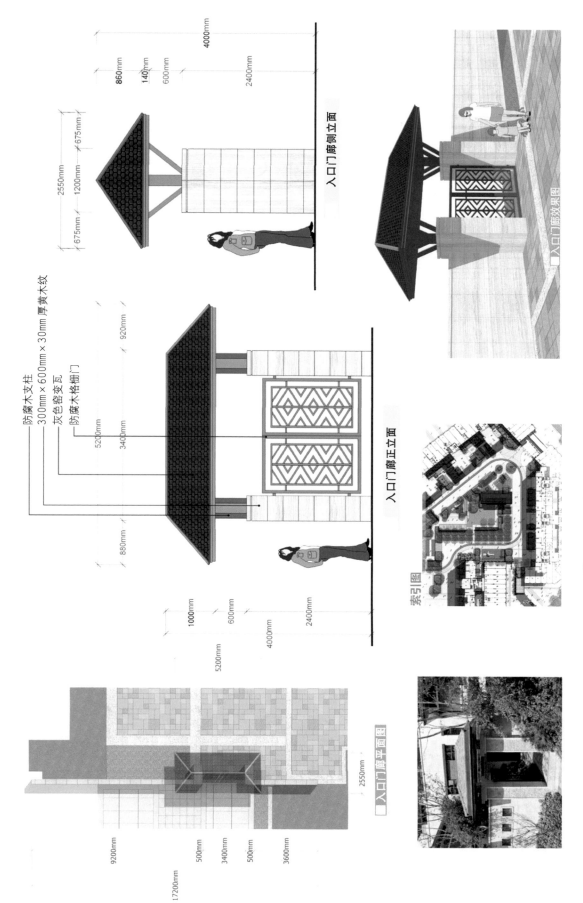

4000mm
860mm
140mm
600mm
2400mm
675mm
2550mm
1200mm
675mm

入口门廊侧立面

防腐木支柱
300mm×600mm×30mm 厚黄木纹
灰色瓷瓦
防腐木格栅门

920mm
5200mm
340mm
880mm

入口门廊正立面

1000mm
600mm
2400mm
5200mm
4000mm

入口门廊效果图

索引图

入口门廊平面图

2550mm

9200mm
500mm
3400mm
500mm
3600mm
17200mm

◆ 图 6-19 "德润天悦"居住区入口门廊立面图

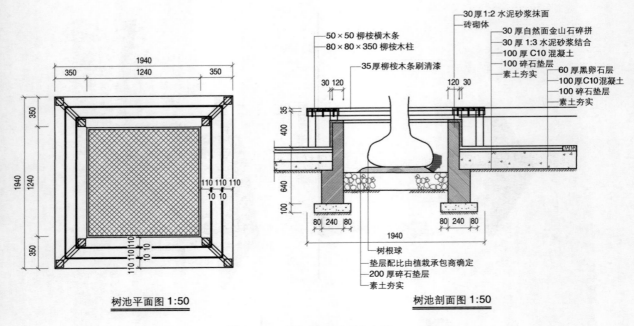

30厚1:2水泥砂浆抹面
砖砌体
50×50柳桉横木条
80×80×350柳桉木柱
30厚自然面金山石碎拼
30厚1:3水泥砂浆结合
100厚C10混凝土
100碎石垫层
素土夯实
60厚黑卵石层
100厚C10混凝土
100碎石垫层
素土夯实
35厚柳桉木条刷清漆

1940
350 1240 350
350
1240
350
110 110 110
10 10
110 110 110
10 10
110 110 110
10 10

30 120
120 30
35
400
640
100
80 240 80
80 240 80
1940

树根球
垫层配比由植栽承包商确定
200厚碎石垫层
素土夯实

树池平面图 1:50   树池剖面图 1:50

🌐 **图 6-20　树池设计的节点大样图**

四、景观效果图

　　景观效果图是一种将真实的三维空间的形体转换为具有立体感的二维空间画面的绘图技法,它能将设计师的方案真实地再现,能直观、逼真地反映设计意图,表现预想中的空间、光影、造型、色彩、质感等一系列构思,而这些在抽象的平面图、立面图中是很难表现出来的,因此效果图很少需要文字注释或图例说明。在景观设计表现中,常见的效果图有鸟瞰图和场景效果图两种。

　　鸟瞰图也称俯视图,它的观看角度是从上往下,而非我们常用的正常视线。因此鸟瞰图便于表现景观环境的整体关系,善于营造一种宏伟、大气的效果,适合表现一些较大的空间环境群体规划效果,如城市公园规划设计、城市广场景观设计、居住区景观设计等(图 6-21 ~ 图 6-23)。

🌐 **图 6-21　"德润天悦"居住区鸟瞰图一**

🌐 图 6-22 "德润天悦"居住区鸟瞰图二

🌐 图 6-23 "德润天悦"居住区鸟瞰图三

　　场景效果图是指对局部景观区域进行透视绘图,因常采用人的正常视线水平,故能详细反映景物的立面外观,使画面效果看起来更加真实、生动。辅之以若干张场景效果图能全面、详尽地说明项目设计意图。场景效果图一般采用一点透视或两点透视绘制（图 6-24 ～图 6-35）。

　　"德润天悦"居住区的景观设计风格定位为"现代＋东南亚风格",即提炼东南亚风格中禅意浪漫的意境,运用现代设计手法进行营造重组,碰撞出一个富有诗意的活动空间。该楼盘景观完工后,其低调奢华、简约优雅、静谧柔和的环境设计成为惠州居住区景观设计的典范。图 6-36 ～图 6-49 为居住区景观的实景图片。

图 6-24 "德润天悦"居住区场景效果图一

图 6-25 "德润天悦"居住区场景效果图二

图 6-26 "德润天悦"居住区场景效果图三

图 6-27 "德润天悦"居住区场景效果图四

图 6-28 "德润天悦"居住区场景效果图五

图 6-29 "德润天悦"居住区场景效果图六

图 6-30 "德润天悦"居住区场景效果图七

图 6-31 "德润天悦"居住区场景效果图八

图 6-32 "德润天悦"居住区场景效果图九

图 6-33 "德润天悦"居住区场景效果图十

图 6-34 "德润天悦"居住区场景效果图十一

图 6-35 "德润天悦"居住区场景效果图十二

图 6-36 "德润天悦"居住区实景一

图 6-37 "德润天悦"居住区实景二

🏵 图 6-38　"德润天悦"居住区实景三

🏵 图 6-39　"德润天悦"居住区实景四

🏵 图 6-40　"德润天悦"居住区实景五

图 6-41 "德润天悦"居住区实景六

图 6-42 "德润天悦"居住区实景七

🏢 图 6-43 "德润天悦"居住区实景八

🏢 图 6-44 "德润天悦"居住区实景九

🏢 图 6-45 "德润天悦"居住区实景十

图 6-46 "德润天悦"居住区实景十一

图 6-47 "德润天悦"居住区实景十二

🔖 图 6-48 "德润天悦"居住区实景十三

🔖 图 6-49 "德润天悦"居住区实景十四

参 考 文 献

[1] 彭一刚. 中国古典园林分析 [M]. 北京：中国建筑工业出版社，2013.

[2] 张祖刚. 世界园林发展概论——走向自然的世界园林史图说 [M]. 北京：中国建筑工业出版社，2012.

[3] Think Archit 工作室. 现代景观亭设计 [M]. 武汉：华中科技大学出版社，2018.

[4] 瑞凯诺,迪克勒. 小空间·大景观 [M]. 国际新景观,译. 武汉：华中科技大学出版社，2018.